超级记忆力
养成计划

林彼得 · 著

中国纺织出版社有限公司

内 容 提 要

英国哲学家培根认为所有知识都源于记忆，记忆不仅能存储知识，更能实现知识的链接和丰富。掌握超级记忆法既有助于学习效率的提高，还有助人们掌握更多的知识。作者在本书向读者分享了十余年超级记忆法训练的方法、心得和经验，厘清了记忆训练可能遇到的困惑，提出了万能记忆公式。训练计划从超级记忆法的基础串联开始，逐步进阶到地点桩和文字桩、数字编码以及图像转化。作者还列举大量的学科知识，辅以超详实的解读和分析，保证读者能够举一反三，在实践中灵活运用超级记忆法。本书不仅有理论方法，更有实践训练，只要认真读完本书并踏实练习就一定能让记忆力提升200%！

图书在版编目（CIP）数据

超级记忆力养成计划／林彼得著.—北京：中国纺织出版社有限公司，2020.1
ISBN 978-7-5180-6698-8

Ⅰ.①超… Ⅱ.①林… Ⅲ.①记忆术 Ⅳ.①B842.3

中国版本图书馆CIP数据核字（2019）第206720号

策划编辑：郝珊珊　　责任印制：储志伟

中国纺织出版社有限公司出版发行
地址：北京市朝阳区百子湾东里A407号楼　邮政编码：100124
销售电话：010—67004422　传真：010—87155801
http：//www.c-textilep.com
E-mail：faxing@c-textilep.com
中国纺织出版社天猫旗舰店
官方微博http：//weibo.com/2119887771
天津千鹤文化传播有限公司印刷　各地新华书店经销
2020年1月第1版第1次印刷
开本：710×1000　1/16　印张：13
字数：306千字　定价：45.00元

前　言

美国未来学家阿尔文·托夫勒说过，未来的文盲不再是目不识丁的人，而是没有学会如何学习的人。

现在的小学生比十几年前的小学生需要学习的知识多且难数倍不止，但是在学习方式上，当年的学生和现在的学生几乎都是一样的——消耗精力和消耗时间。他们把学习效果寄托于不断地看更多的书，做更多的题．背更多的知识，消耗更多的时间和精力来换取知识。

就拿学校学习的知识来说，现在小学生必背的古诗文从75首增加到120首，还有越来越多的科学知识（很多都是当年我们初中才学习的知识），以及日益增加的英语、数学等方面的学科知识，孩子的压力也日益加重。而绝大多数孩子并没有因为学习的知识量增加了，而改进学习方式，他们还在用"刻苦学习+死记硬背"的方法面对日益剧增的知识信息。

英国著名的哲学家弗兰西斯·培根说过："All knowledge just comefrom memories（所有知识都源于记忆）。"一个记忆力好的人，他的学习力一般不会差。我读初中时就经常听别人说，21世纪是大脑时代，是右脑开发的时代，未来的教育是素质教育。谁能发挥出大脑潜能，谁在学习能力上超越更多人，谁就能在这个时代脱颖而出……

曾经我觉得倒背如流是很难、很不可思议的天生能力，直到我自己学会记忆法，才知道"倒背如流"只是其中一项初级技巧。真正精准的记忆，不仅能顺背倒背，还要能做到任意抽背，像电脑搜索功能一样，达到精准的定位记忆。而这些听起来神奇的能力，现在每个人都可以通过训练得到。

提起"记忆"，我们对其直接的印象就是"背书"。的确，学生时代需要记忆的知识特别多，特别繁杂，因此人们普遍都认为，学习应该是学生的事情，特别是学习记忆法应该是那些需要记忆大量知识应付考试的学生的事情。

很显然这是一种错误的观念，大家都把学习知识当成一种某些人某个阶段的必需品，而不是每个人终生需要的能力。把学习看作考试，把记忆当作背书，显然是不正确的观念。

在从事培训工作的7年间，我见过许多经常学习和很少学习的人，他们对学习和不学习的态度，原因大多是一致的——反正不知道有什么用。

一种人说："反正不知道学了有什么用，学了再说，以后说不定有用。"

另一种人说："反正不知道学了有什么用，没必要学，以后不一定有用。"

这里我不想划界限说不爱学习就不对，也不能说不爱学习的人就不会有成就。只是把两种不同的价值观摆出来，读者根据自己的内心去感受和选择。希望热爱学习的朋友，更加努力学习，并且将所学的知识转化成个人的价值和财富。

记忆法不是学习的全部，但记忆法可以帮助学习者更好地学习。本书是记忆方法入门和应用，分成"认识、入门、训练、应用"四个板块。

曾国藩说：读书如同打仗，打仗不能一个村庄一个村庄地打，没用的，必须要打据点，该打长沙就打长沙，该打安庆就打安庆。这些大据点不打下来，老是打那些小仗，一点用处都没有。

书中的据点，就是书的目录以及全书内容的框架，先把书的整体框架掌握了，你基本就掌握整本书的主要内容了。学习记忆法也是如此，先掌握记忆方法的基础与核心步骤，你就抓住了记忆术的重要思维。剩下的工作就是逐个细节去慢慢地训练了。相反，如果你还没抓住记忆法的训练流程，就先去做细节的训练，比如今天练单词记忆，明天练古诗文记忆，后天练练数字记忆，不用几天你就会觉得很累很迷茫，最后可能就会选择放弃了。

希望本书的读者都能够坚持锻炼自己的记忆能力，成为脑力达人。学习是一个成长的过程，成长一定是夹杂着快乐和痛苦的。成长更需要勇气，在成长的过程中，我们最需要的是陪伴和坚持。如果你能够找到和你一起成长的伙伴，或者一眼就看穿你的导师，在他们的陪伴下勇敢度过自己的蜕变阶段，那么你的成长必将是快乐的。

如果你是教育工作者，希望本书的内容能够为你的教学提供参考素材；

如果你是职场人士，那么本书可以成为你脑力学习的充电站；

如果你是学生，那么本书的内容可以作为你锻炼脑力的练兵场；

如果你是家长，那么本书将是你提升自己，并且帮助孩子训练记忆力的宝典；

作为本书的作者，我衷心希望本书能够成为众多记忆训练者的学习提升宝典。

目 录

第一章

探索超强大脑的秘密

第一节　动手触摸你的大脑功能区

我们每个人都有挠头的经历，无论是光头还是长发。不过你在挠头皮的时候，不知是否思考过这样的问题："我刚刚挠的位置，对应的脑区域是发挥什么功能的？"

每天我们或多或少都会摸到自己的额头、头顶、后脑勺等头部位置，但很少有人思考过，手摸之处对应的大脑区域具有什么功能。

也许你会说，知道这个有什么用？

没错，不知道这些大脑区域的功能，对我们的生活、工作、学习并没有什么影响。但假设你知道大脑的各个功能区，你的生活和学习会增添不少趣味，甚至会激发你对大脑科学的探索。

人拥有能够意识到自己在思考事情的能力，这种能力被称为"元认知能力"。我们可以运用思维能力，对思维本身进行监督、控制，这是其他动物做不到的事情。那如果我们学会如何控制自己的思维，那岂不是会更厉害？

古人说：耳贵聪，目贵明，心贵智。随着人类对自己大脑了解的深入，心智就越来越清晰明了，从而越来越聪明。在学习超级记忆法之前，我们如若能够对大脑的结构了解更多，对于我们发挥元认知思考能力是有更多帮助的。

我读过许多关于大脑结构功能区的知识类书籍，大多因为太枯燥而读不下去，而且读完就忘记。因此，我希望本节学习大脑的一些理论知识时，能够给读者留下不一样的印象。所以我想和你做一个新的学习挑战，换一种全新的方式，不再是教科书式地讲理论，我们尝试直接用自己的双手，来触摸大脑的功能区域。现在请你伸出手，一边读一边摸着头部相应的部位，来了解大脑结构功能的基本知识。

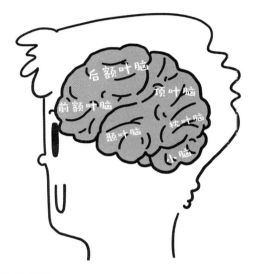

好，我们开始动手吧！

首先，请你伸出任意一只手，把手掌横放在眉毛以上的额头部分。我们知道这个部位叫"额"，所以对应的脑内区域叫作"前额叶脑"。既然有前额叶脑，那么就有后额叶脑，它在前额往上到头顶方向约一个手掌宽的位置。如果搞不清楚的话，可以想象清朝时期的男子，他们头顶部分的头发是需要剃光的，而这些被剃光头发的区域，大约对应的脑内部分就是我们的"后额叶脑"。

额叶脑是大脑发育最高级的部位，几乎包含人类所有的心理功能，比如语言沟通、记忆功能、逻辑思考、精神人格、目标意志等精神和思维的心理活动。你可以简单理解为额叶脑具有思维意志运作功能。

其次，由头顶再往后脑一个手掌宽的部分，在脑后的顶部区域。这个部位是属于头顶的，所以对应的大脑区域叫作"顶叶脑"，顶叶脑是响应人体和皮肤感觉的区域，比如疼痛、温度、压力等身体感觉。顶叶脑还有一个最重要的功能，它的左脑部分负责数理逻辑处理，右脑部分负责空间思维处理。

第三，在顶叶脑往下，就是你睡觉枕着枕头的部位，对应的大脑区域叫作"枕叶脑"。这个部位主要是视觉高级中枢，就是视觉信息的处理区。如果枕叶损伤，会导致视觉障碍。

第四，把手放在后脑勺，就是脖子上面的脑部，这个区域是"小脑"。小脑负责运动协调和身体平衡。患有小脑萎缩症的人，走起路来像喝醉酒一样，说话很粗笨，手脚不协调。

第五，还有一个重要的区域，手指沿着太阳穴往后平移，到耳朵顶部，以这里为中心，周围约一手掌心大的区域，对应的脑内区域叫作"颞叶脑"，这个区域是听觉高级中枢，还是短时记忆的功能区域。颞叶脑中负责记忆的部位，形状似海马，故又被称为"海马体"。

当大脑接触到新信息时，海马体就会进行短时记忆，如果持续复习同一个信息，海马体会得到重复刺激，刺激达到一定程度，记忆的信息就会从海马体转移到大脑皮层区域，形成长时记忆。

这五个大脑结构功能区，我们只要摸着头多回想几次，相信就能够记住了。

现在我们已经知道，短时记忆是在海马体部位形成的，重复多次之后，转移到大脑皮层形成长期记忆。那么，我们怎么将这个理论知识应用到实际中，从而提升我们的记忆力呢？

接下来，请跟着我一起探索大脑记忆的秘密——

第二节 海马体——大脑记忆系统的管理员

匈牙利神经学家乔治·布扎克（George Bujak）在他的著作中指出：如果把大脑皮层比作一座图书馆，那么海马体就是这座图书馆的管理员。

海马体的工作主要是整理我们日常所有的记忆碎片，进行索引归类。我们一天所经历的所有事情，海马体都会进行归类，把我们记忆的碎片建立关联线索，存储起来，方便日后使用。

比如，你的记忆当中有一段和朋友在海边游玩的经历，在海边你看到许多游人，沙滩上有贝壳，有卖饮食的商贩，有气球、游泳圈、游艇……

那么如果某天给你一张这个海滩的照片，也许会令你想起你的朋友，甚至当时在海边玩耍时周围的环境、天气、人和事等。当然，也有可能你会联想到你曾经听说过有人在海边玩耍被海水卷走，甚至还会联想到狂风巨浪，或者和这个海滩不相干的事情……这些回忆，都是由海马体自动帮你归类造成的。这并没有什么坏处，因为我们在提取信息的时候，大脑又会自动帮我们识别筛选。除非精神意志上出现问题，比如有精神疾病的患者，在看到照片后，会与常人一样联想到众多记忆信息，但患者有可能无法分辨哪些是自己的真实经历，哪些是从新闻中看到或者他人传递的信息。

在这里顺便一提，有精神疾病的患者，不适合训练记忆法和想象力。因为记忆训练会强化人的想象能力，对于正常人而言，想象力提升是好事，但对于精神疾病患者来说，强化了想象力反而是一件坏事。

我们再看看海马体的其他记忆作用。"一朝被蛇咬，十年怕井绳"是海马体的关联记忆的另一种表现。比如，以前某人不小心踩到蛇，被咬伤了，留下了严重的心理阴影。多年之后，某次无意中摸到一条井绳，由于井绳比较湿润而且其粗细手感和蛇一样，于是触发他大脑中被蛇咬的回忆，瞬间产生恐惧心理，害怕得跳起来。

海马体会自动帮我们把记忆中的所有碎片进行归类和关联处理，有些记忆碎片是连你自己都没察觉的，它也会帮助你关联起来，甚至进行重新组合。我们永远无法想象的是，大脑在潜意识之下帮我们做了什么事情。有时候，当人品爆发时（对自身没察觉或意料不到的能力外显时的戏称），你会发现自己居然能够完成一些自己都觉得不可能的事情。

假如要记忆一篇文章，不断重复背诵达到一定的次数，海马体就会形成记忆回路，信息就被大脑记住了。但对于大脑而言，这只是一个信息重复出现，暂时帮你保存下来，过一段时间你不复习了，可能就忘记了，这种记忆方式的效果是最差的。

如果我们对这篇文章进行不同方式的复习，比如除了背诵之外，还对文章进行逻辑上的概括分析，在不同场合进行应用和复述，或是做这篇文章的填空题、选择题、问答题等测试……这样做之后，大脑会判断为有多条不同的记忆信息，而且这些信息都是有关联的，海马体会进行归类，建立多条索引路线。

过了一段时间，可能每条记忆的信息在转到大脑皮层进行长时记忆存储时，会有不同程度的记忆削弱甚至遗忘，但只要回想这篇文章的一些信息，海马体会把所有关联过的记忆线索全部呈现出来，让你轻松快捷地得到记忆的信息。经过这种多元的强化记忆方式，即使我们每个记忆片段都不完全，而全部组合起来，也就能够形成一个完整的回忆了。相反，如果只是进行一次记忆，那么大脑回忆的时候会很慢，甚至中间某个细节的记忆断开了，就无法回忆了。

所以，如果你还没有学会记忆法，但是又希望通过简单粗暴的方式，快速提升一点点记忆力，就可以根据海马体的这种记忆习性，采取多元化的记忆方式，强化海马体的归类和检索的记忆能力。

利用海马体的记忆习性，进行有效记忆的步骤：

第一步：按照自己的方式进行记忆背诵，重复2~3次，形成海马体的第一次记忆。

第二步：对记忆的内容进行不同方式的复习，比如总结归纳重点内容，做相应的测试题，形成不同角度的记忆碎片，给海马体提供更多的记忆线索。

第三步：强化复习记忆过的内容，尽量做到对答如流或脱口而出，形成条件反射。这样更有助于海马体转化到大脑皮层记忆时，形成更牢固清晰的长时记忆。

第二章

流传千年的记忆秘籍

第一节　灾难中诞生的古典记忆术

相传在古希腊的塞萨利（Thessaly）地区，有位贵族叫斯科帕斯（Scopas），有一次他宴请宾客时，邀请当地著名的诗人西蒙尼德斯（Simonides）来为他写一首诗，目的是歌颂他自己的功绩和财富。西蒙尼德斯在席上吟诵一首诗向主人致敬。但是，这诗中有一段内容赞美了希腊的双子神——卡斯特（Castor）与波鲁克斯（Pollux）。

斯科帕斯认为西蒙尼德斯不应该歌颂赞美双子神，于是他很小气地告诉西蒙尼德斯，本来说好的吟诗酬劳他只能付一半，另一半应该找那对双子神祇去要。可怜的西蒙尼德斯只能无奈地退到一旁。

稍后，门童来通报，宴客厅外有两个年轻的男子要见西蒙尼德斯。他便离席走出门外，却没有看见人。然而，就在西蒙尼德斯走出去的时候，宴客厅的屋顶突然塌下来，把斯科帕斯和所有的客人都压死了。尸体个个血肉模糊，来收尸的亲友都认不出谁是谁。

然而，西蒙尼德斯却惊奇地发现，自己竟然记得客人们在宴席上的位置和服饰，于是他根据座位告诉收尸者哪一个是他们的亲人……

　　在英国历史学者弗兰西斯·叶兹的著作《记忆之术》中读到这个故事，令我对记忆术产生很大兴趣。当然故事中的双胞胎神祇最终并没有出现，但西蒙尼德斯却因为这次经验领悟出记忆术，顺理成章地成为古典记忆术的鼻祖。

　　这个故事出自古罗马著名政治家和雄辩家——马库斯·图留斯·西塞罗（Marcus Tullius Cicero）的《论雄辩家》，此后的许多年，但凡学修辞学的人士都会学记忆术，也会讲起西蒙尼德斯的经历。古典记忆术属于修辞学的一部分，是雄辩演说家用来增进记忆力的技巧，演说者凭记忆术可以做到把长篇演讲稿背得一字不漏。

第二节　空间场所+记忆影像

在几份原始的修辞学文献中，我们得知古典记忆术主要是利用空间场所和记忆影像来达到牢固记忆的效果。

"空间场所"换成现今的说法就是记忆的空间地点，是在大脑思维中建立一个空间，主要用于存放事物的记忆影像。"记忆影像"是指将需要记忆的信息，通过感官接受在心中形成的内在图像。古典记忆术就是把我们所接触到的一切事物，通过想象力，在心里形成一个内在图像，然后把这个图像存放到固定的场所地点中。

举个简例：

我们在脑海里先建立一个 空间场所，假定是一间房子。

房子的图像

然后运用大脑观察能力，先熟悉这间房子的图像。你只要仔细观察房子的整体形状，结构、颜色、门、窗等细节。5～10秒后，闭上眼睛在脑海中回想房子的画面，能够回想到接近70%的清晰画面就可以了。

把这个空间场所存进大脑后，接下来就要使用这个场所去记忆一些信息。

我们可以随机找一句话、一个词、几位数……任何信息都可以。但是为了照顾新手的学习，我们从最简单的词语开始示范，假定要记忆"领袖"这个词。

这是一个抽象词，我们需要为"领袖"建立一个记忆影像，不同的人对这个词语的第一印象是不同的。我看到"领袖"就想起前不久刚读过的《拿破仑自传》，那我就可以选用拿破仑这个人物形象，作为"领袖"这个抽象词的具体记忆影像。

为"领袖"一词指定拿破仑的记忆影像

至此，我们已经完成记忆的两个主要步骤：建立空间场所和指定记忆影像，接下来是古典记忆术的关键部分——记忆联结。

记忆联结想象过程：拿破仑骑着马，踹破房子的门，准备破门而入。

注意，我们要记住的不是这个想象的文字表达，而是记住想象出来的画面。假想这是一个动漫场景，而你是这场动漫的导演，在脑海中产生"拿破仑骑马踹破房门"的动态过程。记住之后，只要提起房子或看到房子的图像，你自然就会联想起拿破仑，进而关联到"领袖"这个词。

这是一个最基础的示范，也许你感觉只是利用了图像进行想象，很普通的一个行为。不要着急，当你在大脑中建立起大量的空间场所，关联了大量的记忆影像，那个时候你就会感受到，你可以在这些场所中自由定位，立即找到你想要的图像信息，你就会感受到超级记忆的威力。

西蒙尼德斯以及后来的修辞学训练者们，就是利用这种场所记忆术，记忆了大量的文献知识、诗歌、律法知识，为他们的雄辩能力提供强大的素材库。

关于场所定位记忆术，在本书中会有更详细的讲解和应用。

现在，我们来回顾一下西蒙尼德斯所用的古典记忆术的整个记忆过程。

建立空间场所　　　　指定记忆影像　　　记忆影像与场所联结

1.建立空间场所；

2.指定记忆影像；

3.记忆影像与空间场所相联结。

以上这个例子，再现了古罗马人利用真实的场所来存放记忆影像的方式。不管是当时还是现在，我们听到这样的方法都会觉得不可思议。因为场所是真实的物质空间，而影像是一个想象的图像，二者怎么可能联系在一起呢？

古罗马人称之为"记忆的艺术"。记忆是一种隐形的艺术，如同内在的书写行为。认识文字语言的人，能写下别人口授的语言，也能把自己写的文字读出来。学会记忆术的人能把自己听到的、看到的信息，通过上述三个步骤的处理，把信息的影像存放在记忆的空间场所中，也能凭记忆把这些信息说出来。

从古罗马人的角度，记忆的场所就好像书写用的蜡板或者纸张，影像就像文字或字母。记忆的过程就像是把文字印刻在蜡板或者写在纸张上，只不过这个过程是通过想象完成的。

以上是对空间场所记忆的原理进行的简单解说，如果要建立一个复杂的记忆场所，我们就需要掌握更多的记忆技巧。这些技巧，我们会在之后的章节详细讲解。

第三节　古典记忆术的记忆法则

另一本拉丁文修辞学著作《献给赫伦尼》，详细地讲解了场所和影像的法则。这些法则到今天仍然为训练记忆术的人所遵循。

虽然在应用上，当今的定桩记忆方法加入了虚拟的场所以及关联性的延展应用（例如林约韩利用关联性和数字系统，自主创新建造了1000个虚拟场所），在影像创造上，我们在中世纪法术影像原理的基础上又增加了一些基本法则，但是总体方法的基础，还是与古典记忆术的法则有密切的关联。所以，理解了简单的古典记忆法则再来学习现代的记忆术，会更容易上手。

古人把记忆分为自然记忆和技巧记忆（当代心理学也有类似的分类）。自然记忆是内在的记忆力，是一种天赋。古罗马哲学家当时无法从现代科学的客观角度去解释，所以只能认为记忆是灵魂的一部分。在古代，自然记忆能力好的人，被视为拥有"神圣之力"，因为他拥有超强的记忆力，被世人误认为是"神人"。当然，现在我们知道所谓的神圣之力其实就是一种技巧记忆，并非神人异能。而这种技巧记忆，是指能够通过后天训练获得提升的记忆力。如此说来，古典的记忆术其实就是其中一种广为流传的技巧记忆。

空间场所的法则

记忆的场所，在古罗马到中世纪，记忆术应用者大多使用的是庙宇、剧场、宫殿、教堂。而在今天，我们大多使用的是房间、街道、公共场所等地点。

首先，记忆场所必须是有次序的，因为次序是有效牢固记忆的主要因素。

其次，记忆场所中的地点，不可以太相似，比如太多的柱子、椅子等相同的物品或者地点，相似的地点会导致混淆。

第三，场所应该大小适中，不能太大，以免存放的影像不明显；不能太小，因为影像放进去会太挤。

第四，记忆场所的光线也不能太明亮或者太昏暗，以免存放的影像太过炫目或者被阴影遮盖。

第五，场所之间的距离应当适中，因为空间的距离会影响思维的感觉。

记忆影像的法则

记忆的影像分为两种，一种是概念的影像，一种是字词的影像。

概念的影像，是指不需要一字不漏记忆的概念内容，如果为这类内容指定一个影像，就是概念影像。我们举个例句："时间是最宝贵的财富。"这句话可以用一个"黄金手表"的图像来代替，"黄金"代替"宝贵的财富"，"手表"代替"时间"。

字词的影像，是指要一字一句记住的内容，需要为每个字或词创造一个影像。

举例：

"要"字，拆分成"西"和"女"，联想到西方女子，就能为该字指定一个影像了。

"谐"字，利用同音字"鞋"，联想到鞋子，也可以作为该字的一个影像。

"海"字，由文字的意义，联想到海水、波浪等，可以直接联想到画面。

以上列举的三个字的影像创造，涉及把抽象文字信息转化成图像的三个技巧：象形、谐音、意义，这是图像转化的三个重要技巧。

古罗马人认为，日常生活中看见漂亮的、寻常的、平庸的事物，一般不会记下它们，因为心智没有受到新奇的、非凡的感觉刺激。所以，他们认为有效的影像必须是奇特的、特别拙劣、被逼的或者是异常的、伟大的、荒谬的事物，这样才可以久久不忘。

尽管今天我们对影像的转化也是提倡因人而异，但是我觉得，创造"有作用力的影像"应该遵循一些有效的法则，通过锻炼，每个人都可以做到这种想象。

影像的灵魂

通过前文内容我们知道，影像是用来代替事物（文字、数字、字母等信息）的一种图像。然而这种解释并不全面，因为记忆的影像里面包含了意向。这个意向可以说是影像的精神灵魂，它会通过影像传递事物本身的意向。

《记忆之术》中举了这样的例子：用来提示一头狼的外形的影像，其中也包含"狼是危险的野兽，走避才是上策"的意向。

同样，对于抽象的字词，假设为"公正"一词选定的影像（如图：锤子和天平），其中也包含了想要培养"公正"这种德行的意向。我们可以理解为，影像不是一个图像那么简单，它包含着一种意向，这个意向是影像所代表的事物的精神灵魂。

比如"智慧"这个词，每个人找到的影像是不同的，有人认为用柏拉图，有人认为应该用孔子、老子、诸葛亮。虽然表示的都是"智慧"，但是不同影像人物所带给我们的意向也会有所偏差。

如果每个影像都能带出一个意向，我们就可以借助一些优质的影像、有作用力的影像，辅助我们记忆相关的信息，达到最佳的记忆效果。

比如说，我们要记住法律条文，寻找的影像可以是法律相关的人物，或者相关的影像来代替抽象的字词和概念；要记忆建筑类工程类的信息，可以记住木匠鲁班，或者工程师詹天佑等人物形象，或者工程相关的物品影像来记忆此类专业中的抽象信息。

第四节　亚里士多德的《论灵魂》

亚里士多德（Aristotle）是人类古代先哲，古希腊著名哲学家、教育家。他在《论灵魂》一书中讲到关于记忆与回忆的理论，非常值得我们思考，因为其中的深意对影像的应用将会有很大帮助。

亚里士多德认为，五官接收到的知觉信息，首先要经过想象力的处理或作用，这样形成的影像才能成为智能的素材。想象是介于知觉和思维之间的阶段。

因此，一切知识虽然都是从感官接收形成印象得来，但我们的思维并不是就这么直接运作的，思维必须经过想象力的处理来吸收，是靠着我们的灵魂思维绘制影像的功能，经过更高层次的思维过程才可能运作。所以，心灵思考时必然是有意念图像的，思考能力就是借着内心图像来想象的。

　　亚里士多德还说，没有意念图像连思想也是不可能的。记忆和想象属于灵魂的一部分，记忆是感官印象构成的意念图像集合，但要加上时间的元素，因为记忆的意念图像不是从领会眼前事物的知觉而来，乃是对于过去事物的知觉。

　　也许亚里士多德对于意念、灵魂和思维的思考还有更深层次的意义。我在运用记忆方法的时候有一种经验，就是如果我思考的内容不能形成一个内在的影像，那么理解和记忆的程度是很低的。比如"学而时习之"这句话，如果在我心里能够形成一个勤学和温习的影像，那么我对这句话的内化理解是很深刻的，在以后的学习和应用上，它能够成为我智慧的一部分。相反，如果我只是略读带过，虽然知道这句话，但是没有内化形成智慧，用亚里士多德的话就是"灵魂里没有绘制一个影像"，那么我背得再朗朗上口，也只是外在的记忆，没有形成内在的智慧。

　　也许亚里士多德那个年代的人没有思维内化这个说法，所以用灵魂来解释外在事物的内在反映。虽然用"灵魂"这个词来表达增加了不少神秘感，但是我仍然乐于用这个词来解释，因为这样更容易让我们领悟到，记忆作为一种艺术，是如何从物质世界穿透精神世界的。

　　如果你把记忆当作是一种艺术行为，而不是痛苦地记背书本知识，那么你肯定会喜欢上记忆。

　　把物质世界抽象的文字和事物转化成一种影像，是一种文艺行为。当你把枯燥的知识转化成为有趣的记忆影像时，你就能享受到知识穿透物质和精神的奇妙艺术。

第五节 利玛窦的记忆宫殿

1583年，31岁的意大利人利玛窦（Matteo Ricci）来到明朝的中国，落脚地在广东肇庆。利玛窦的目的是朝见中国皇帝。要知道，在古代朝见皇帝可不是容易的事，要么你有稀世珍宝，要么有什么技术绝活，或者有什么丰功伟绩。当然，作为外国人，首先要学会中国的文字和语言。

利玛窦出生在文艺复兴时期，他在学校期间掌握了记忆术，这为他在中国的经历带来巨大影响。他利用超强的记忆术，仅用了不到一年的时间，就掌握了汉语。在中国的前10年间，他把"四书五经"背得滚瓜烂熟，成为当时的知名人物，为了帮助更多中国人学会记忆法，他还专门研究了针对汉字文章的记忆法则，这些法则被记录在他的著作《西国记法》中，《西国记法》也因此成为首部记载记忆术的中文书籍。

利玛窦在《西国记法》中指出："建立记忆之宫，就是先记住众多的建筑物，或者在想象中建造一座记忆大厦。建筑中有许多不同的房间，房间中摆放着不同的物品。这些建筑都是留在人心里的记忆结构。"

很显然，利玛窦的方法就是古典记忆术的场所记忆法。但是利玛窦将其应用于中文的记忆，其中关于汉字的图形处理法则，对于我们学习记忆法非常有研究价值。利玛窦的场所记忆法，在西蒙尼德斯的基础上进行了优化，具体有三种类型。

第一种：来源于现实。曾经居住过或亲眼目睹的场所，能够在脑海中回忆起来的场所。

第二种：凭想象任意虚构的建筑物。可以任意构建形状和内容。

第三种：虚实结合，半真半假。比如一间房间，从大门走到某个房间要绕过一堵墙。你在想象中，为了寻找捷径，可以想象在墙壁上打个洞穿过去。这个洞就是虚的一个想象，而实的就是这个建筑物。再比如，一个房子只有一层楼，你记忆时不够用。可以想象再增加一层楼，或者添加其他物品，用于增加记忆存储量。这种虚实结合，现在我们应用得比较多，当然这种做法对记忆术的能力要求比较高，新手一般很难做到。

第六节　都是因为影像

从西蒙尼德斯创造记忆术以来，记忆术从古典淳朴、正派的艺术，到中古时代沦为玄秘派的魔法，甚至在今天，记忆术也一直遭到部分人群的反对。反对的声音各不相同，有人反对是认为利用技巧记忆会弱化自然记忆，通过技巧记住本来记不住的东西，是虚幻无意义的。还有人是因为觉得太复杂了，而且锻炼记忆术需要花费不少时间。也有人是因为记忆术一直没有实用系统的方法，认为只不过是某些乖巧之人的炫耀之术。

不管怎样，反对的声音中，都对记忆术有一种期待，期待记忆术能够更加科学实用。而两千多年的演变，记忆术再怎么变化，都是在场所和影像的基础上变化。更准确地说，都是影像"惹的"。

从修辞学中的"有作用力的影像"法则，到宗教主义的德行与罪恶的影像标准，再到神秘魔法影像，再到排斥影像，以及追求抽象的学派，影像对记忆的作用一直是相当重要的。因为人的五感中，视觉是最敏锐的，通过视觉传达的记忆影像是最牢固的。如果能够把其他知觉接收的信息，转化成视觉性的影像，那么将会大大增加记忆的效率。

记住西蒙尼德斯的故事不是通过对文字一字不漏的背诵记忆，而是我在大脑中创造了一个画面：一个希腊诗人，站在宫殿的废墟中，在一堆血肉模糊的尸体前，凭借座次顺序为死者的亲人指认尸体。这个画面就是这个故事原文的影像，通过这个影像，我能够在任何时候轻松自如地像拿着手稿一样流畅地讲述这个故事。

并且，我还能通过这个故事讲述出古典记忆术的技巧和法则。而整个过程，我只是运用了影像和联想，就牢牢地记住了这些事物。

在中古时代和宗教领域，图像想象是受到一定限制的，这和当时人们的哲学思维以及宗教规范标准有关。而今天是以实用主义为主题，追求自由开放的时代，我们可以不受任何的想象限制，只要是能够刺激灵魂思维的影像，都能够被我们使用。

本书所提供的关于新的创造影像的法则，综合了《记忆之术》中的古老法则，以及利玛窦《西国记法》中专门为中国汉字创造的影像法则，并且综合我的兄长也是我的记忆术启蒙导师林约翰的《记忆宫殿：成为记忆高手的秘诀》，还有我个人在实践应用的时候总结的一些影像法则。总之，本书力图将所有能够刺激灵魂思维，带来深刻印象的创造影像法则分享给读者，让读者能够通过锻炼这些造像法则，开启自己的想象力之门，通过不断强化的意象能力，带动心灵思维的提升。

第三章

关于记忆训练的困惑

第一节 右脑记忆力是左脑的100万倍吗

有不少文献和书籍都这样写道：右脑记忆力是左脑的100万倍。或者说：右脑的想象力是左脑的100万倍。

有一次我去听一位脑力专家的讲座，他就引用了这个概念。讲座结束后，我就问他这个"100万倍"是来源于哪里，他也搞不清楚，反正很多书籍都是这样写的，于是大家都这样引用了。

我是比较爱钻牛角尖的，所以一直思考这个问题：科学家们是用什么仪器这么精准地计算出来，右脑记忆力或者想象力就是左脑的100万倍？

当然，有人说这只是一个估值。那好，请问是怎么估算出来的？

也有人说，这只是打个比方，不必太较真，无非就想说明右脑比左脑强大，我们应该开发好右脑，让我们的学习力倍速增强。

且不说对错吧，我们先看看美国的诺贝尔生理学和医学奖得主——罗杰·斯佩里（Roger Wolcott Sperry）博士，他在20世纪五六十年代发现了大脑左右脑的不对称性，尽管左脑和右脑的形状和基本功能是一样的，但是在具体机能上，是不对称的。比如我们前面讲到顶叶脑的左脑部分是负责数理逻辑处理，右脑部分是负责空间思维处理的，这就是左右脑机能的不对称。

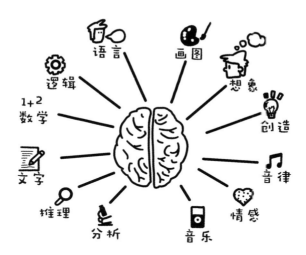

根据罗杰·斯佩里博士的左右脑分工理论，我们看到大脑左右半球的机能几乎完全不同。在这种不对称的情况下，左右脑的记忆力或者想象力根本没有什么可比性。就好像拿猎豹在陆地上的奔跑速度和海豚在海里游泳的速度比较，根本没有可比性。

那么，又要回到刚刚的话题，这个右脑记忆力是左脑的100万倍的结论，是哪里来的？

当然，我并不否认右脑的作用，确实右脑的图像记忆也符合海马体的高效记忆模式。我只是希望任何人在学习过程中，一定要多思考事物背后的原理，这样才不会人云亦云。

后来，我在某篇不知出处的文章中得到一个解释：右脑的想象力和空间记忆能力非常的强大，如果和左脑相比，犹如大象和蚂蚁，右脑的记忆效果相当于左脑的百万级别还不止。

这个解释，在说明"100万倍"这件事上，还是比较容易令人接受的。当然，不久之后，我又有新的疑问了：右脑的记忆效果，真的就比左脑强大吗？

后来，我经历了一件事情，让我对"右脑优于左脑"的说法彻底改观。

我在参加国际注册培训师认证的课程时，老师给我们出了道记忆题，是一串数字——412523657246060。

作为一名职业的记忆训练者，我习惯性地运用右脑图像记忆进行处理——第一步，数字分组编码：41（司仪）—25（二胡）—23（和尚）—65（尿壶）—72（企鹅）—4（汽车）—60（榴莲）—60（榴莲）；第二步，故事记忆：司仪拿着二胡敲打和尚，和尚端起尿壶给企鹅方便，企鹅方便完，开着4轮汽车，载着两个榴莲跑了。

轻松两步搞定，因为我接受过记忆大师级别的训练，所以几乎在看完一遍数字的情况下，就记下来了。看着其他同学一脸茫然的样子，我为自己的记忆力暗暗自喜。谁知道老师只用了一个技巧，就让我们所有人都秒记了这串数字。

到底是什么方法，可以比图像记忆还厉害？

老师说："我给这串数字加上一个逻辑关系，保证可以让你们很长一段时间都忘不了，这个逻辑关系是这样的：一年有4季12个月52周365天，一周7天，一天有24小时，一小时有60分钟，一分钟有60秒。"

相信你已经感觉到，老师也是两步，增加了一个逻辑关系，这串数字就轻松记下来了。

对比之下，我们会觉得，逻辑记忆比图像记忆还要容易。图像记忆还需要提前训练过数字编码和串联记忆，不然就做不到这个记忆效果。而逻辑记忆只需要赋予信息之间的逻辑关系，就能轻松记忆。

这么看来，左脑的逻辑记忆并不比右脑的图像记忆差，是不是因此可以推翻"100万倍"这个说法？

我说这些并不是想制造混乱或者推翻什么观点，而是想引导大家思考，我们大脑的左右脑功能是分工不是分家。左右脑不是单独运作的，而是互相配合的。运用右脑的图像思维，某种程度上是在建立一科逻辑关系，而逻辑关系如果能在脑海里构建一个轮廓框架，那么记忆的效率会大大提高。也就是说，左右脑配合效率会更高。

左脑的逻辑思维擅长搭建知识框架和整体结构，右脑的形象思维擅长想象和创新。单纯的逻辑学习会让学习显得枯燥无趣，而单纯的形象记忆会使人思维混乱。

我们知道大脑的特性，知道大脑学习的秘密，主要目的是能够更好地驾驭自己的大脑，在我们在学习、生活和工作中，懂得灵活应用大脑的各种功能来提高我们的效率。

第二节　超级记忆术会让思维混乱吗

有一次，我受邀在一所学校开记忆讲座。会后有位家长带着孩子来找我，家长提出一个疑问："林老师，听完您的讲座，感觉方法确实很不错，原来几十个词语，死记绝对是不容易的，按照您现场教的记忆方法，一下子就记住了，确实很神奇。但是，我有个疑惑，不知该不该问……"

"有什么疑惑呢？"看他欲言又止，我主动问他。

"我感觉，这种方法过于强调夸张、怪诞的想象，很多时候记忆画面与原文是完全脱离的，我担心这种方法会使孩子思维混乱，不能真正有效地学好知识。"

"你听完我讲座上的内容，其中用图像记忆的怪诞画面会和原文混淆吗？"

"我自己倒不会，毕竟我能分辨什么是想象、什么是原文。我就是担心孩子不能分辨哪个是想象的画面、哪个是原文内容，导致混乱……"

"嗯，你不是第一个有这种疑惑的。那我给出一个假设，如果记忆的时候，能够让记忆的画面与原文意思相符合，你还会担心思维混乱吗？"

"如果记忆的画面和原文相符，那就没问题了。您有办法解决的对吧？"

"不仅有方法解决，而且一旦掌握了方法，不但记忆力会提升，思维能力也会提升。"

同样，很多刚接触记忆术的朋友都有这样的疑惑。这是好事，说明他用心地去学去试了，而且也感受到了学习过程中的问题。另外也说明了一点，当他体验了记忆法之后，引发了对学习的思维过程进行深度思考。就是说他意识到了，记忆法解决了记忆的问题，但是思维的问题没能解决。

美国认知心理学家本杰明·布鲁姆（Benjamin Bloom）提出认知的六大层次——记忆、理解、应用、分析、评价、创造。记忆在"初级认知"的第一个阶段，是最基础也是最重要的部分。

网络上流传着英国哲学家弗朗西斯·培根（Francis Bacon）的一句话：一切知识不过是记忆。

（1561—1626）

我又抱着怀疑的心态去查了原文，结果是这样的"All knowledge just come from memories"。

直白点翻译，就是"所有知识都源于记忆"。这里的come from 应该解读成"从哪里出发，哪里是起点"，这样更能解释布鲁姆的认知层次论中，把记忆放在第一层次的意义了。

如果你拥有超强的记忆能力，那么你就可以在很短时间内存储大量知识，为第二个层次的"理解"提供足够的基础，从而为之后的每个阶段起到很好的支撑作用。如果你的学习大部分时间浪费在记忆背诵上，而且还经常忘记，复习成本很高，那么你很难有高品质的学习质量。

如此看来，拥有超级记忆能力，不仅不会导致思维混乱，还能有效提高思维品质。那么，记忆过程中运用扭曲的图像记忆会不会导致理解混乱，或者怎么解决这个问题呢？

其实很简单，如果你觉得扭曲后的图像记忆会导致你混淆信息的理解和思考，那么你在记忆之前先进行知识的理解学习，不就解决问题了嘛，别忘了我们人类是有元认知能力的。

第三节　过目不忘就能永久记住吗

受到"过目不忘"这个词语的影响，很多人会问，超级记忆法是不是可以过目不忘，是不是永远不会遗忘？

其实，这是很多人对"过目不忘"的误解，以为过目不忘=一次记忆终身不忘，实际上这个理解是错误的。过目不忘，正确的理解是指看一次就能记住，不需要再进行第二次、第三次复习，就能够把原文准确地说出来，并不是一辈子都不会忘记。

类似这样容易令人产生误解的，还有左右脑功能分工理论，被误解为左右脑是可以分开工作的，可以像单独使用某一只手或一只脚一样。其实并不是这样，左右脑功能分工理论只是告诉我们大脑不同部位的机能不同，并不是说可以单独使用。所以，严格来说，"开发右脑""右脑训练"都是不正确的表达，准确地说，应该是"全脑训练""全脑开发"。

当然，通过比较有规律的复习，轻松做到长久记忆，是有可能的。首先必须了解遗忘规律。我们前面学习了，记忆是通过海马体形成，最后转入大脑皮层长时记忆的。大脑运作的过程是通过产生新的神经元链接来传递和交换信息的。

所以，如果复习的次数不够，就是对大脑神经链的刺激不够，那么一旦有新的知识进来，大脑忙着处理其他信息去了，原来的神经元细胞就会慢慢萎缩消失，信息就断链了，就发生了遗忘的现象。

说通俗点，就是旧知识还未达到长时记忆，新学习的知识接踵而来，会干扰原来信息的记忆，就容易发生遗忘。

面对这种情况，我们该怎么办呢？总不能慢慢复习，等复习到牢固记住了再学新的知识吧？据说世界上每天产生的信息能装满几个国家级图书馆，快速学习都赶不上，哪里还能慢慢复习？

从这个角度看来，遗忘就成为人的一种正常生理现象了，想要长久记忆，就必须不断刺激记忆的痕迹。但是这样反复不断地复习，谁能受得了呢？不过，好消息是，德国著名心理学家艾宾浩斯（Hermann Ebbinghaus）已经找到保持记忆的规律。因为他发现了遗忘的规律，并总结出艾宾浩斯遗忘曲线，按照他的遗忘规律曲线来进行复习，可以做到有效记忆。

（1850-1909）

时间间隔	记忆量
陡记完	100%
20分钟后	58.20%
1小时后	44.20%
8~9小时后	35.80%
1天后	33.70%
2天后	27.80%
6天后	25.40%
31天后	21%

艾宾浩斯遗忘曲线

必须注意的是，艾宾浩斯遗忘曲线，是用无意义的音节信息进行记忆实验的。他在实验中发现，刚记完的信息20分钟后会遗忘掉将近50%，之后随着时间推移，遗忘的速度越来越慢。如果一直不复习，从一周后开始到一个月，存留下来的记忆量会保持在21%~25%之间。

这令我想起帕累托的二八定律，是不是20%左右的信息能够一次性记住，而另外接近80%的信息是需要多次复习才能牢固记住的？

当然，这只是我个人无依据的猜想罢了。而艾宾浩斯却是做了实实在在的实验，他在实验中记录下：记住12个无意义音节，平均需要重复16.5次；

记住36个无意义音节，需重复54 次；记忆六首诗中的480个音节，平均只需要重复8 次。这个实验告诉我们，能被理解的有意义信息更容易记忆牢固。

根据遗忘曲线，有人整理了记忆复习时间规律：在5分钟后重复一遍，20分钟后再重复一遍，1 小时后、12 小时后、1天后、2天后、5天后、8天后、14天后再重复一遍，就会记得很牢。

现实中，我见过很多人开始很热衷于按照这个规律去复习，但是很少有人坚持到14天。因为如果每天新增加的知识都按这个规律复习，那么随着复习量的增加，不用多久人就会扛不住了。

我个人实操过，比较有效的保持记忆的做法，是在记忆过程中就设置好充分的回忆线索。除了用快速记忆的方法，还可用多元方式强化记忆，做到在记忆之初就让海马体做好多条回忆线索。而且记完之后立即复习几遍，基本上当时就能做到脱口而出、对答如流的程度。至于后续的复习，根据我个人的经验，大部分人记忆的信息，往往有三个最主要用途：

一是应付未来某个时刻的应用（比如考试），这种信息的记忆，基本上只要在应用前复习好，用完就可以忘记了，不需要长期复习。

二是需要长期使用，比如记忆一些工作信息，然后每天都要用到。这种不用复习，每天都在用就相当于每天都在复习。

三是间隔一段时间使用一次。这种情况，你只要在第一次记忆时做好充分的工作，以后再使用时复习几次就可以了，也不需要按照14天复习规律去做。

我们日常记忆的信息，多数在以上三种情况的范围内，所以根本无须按照记忆复习时间规律来进行复习。

因此，当你想要一劳永逸、永不忘记时，先考虑一下，你记忆的目的是什么，依照科学合理的方式去复习和使用，才是最正确的做法。

第四节　一切知识都能用记忆法吗

什么知识能够用记忆法，什么知识不能用记忆法，这也是很多初学者的疑问。

我们从前文所讲的古典记忆术的操作角度来分析，就能探索到答案了。古典记忆术是通过"空间场所+记忆影像"的方式进行记忆的。先建立足够的记忆场所，再把需要记忆的信息转化成影像，就能够和记忆场所联结起来，形成深刻的图像记忆。因此，可以说只要能够转化成影像信息就能被记忆。

哪些信息是可以转化成影像信息的呢？

如果按照知识内容分类肯定分析不完，换个简单的角度，从五个感官接受信息的形式来分类。

首先是视觉，我们看得见的是文字、数字、字母、符号、颜色、画面、动作等。这类信息，不管抽象形象，只要能被理解，基本上都可以找到替代的图像。

其次是听觉，我们听得见的是声音。有单音节、多音节、一句话等。许多有意义的音节都有相应的视觉符号来表示，所以是能用记忆法的。那句子可不可以？也是可以的。当我们听到一句话时，把它的意思通过内视觉（就是听完之后在脑海里产生这句话的印象）理解，就可以转变成图像了。

最后是嗅觉、触觉、味觉等感官，其实原理都是一样的，只要能够把需要记忆的信息用文字符号表达出来，就能转化成图像，就能用记忆法。

所以，只要能被理解，并且可以通过视觉化的符号表达的信息，就能用记忆法。可以毫不夸张地说，不论是中小学生的学科知识，还是成人的职业考试书籍，或者是各种社会书籍、生活中的各种事物和信息，都能够用记忆法，就看你能不能把记忆方法应用到这些领域。

第四章

超级记忆法入门

第一节　高效记忆的三大模式

说到记忆的原理，只要读过两本以上关于记忆法的书籍，或学过心理学的人，肯定见过下面这两种记忆的分类：

按记忆内容分类，有形象记忆、情绪记忆、逻辑记忆、动作记忆。

按保存的时间分类，有瞬间记忆、短时记忆、长时记忆。

这些分类是从心理学分析大脑记忆的角度划分的。

但是以记忆方式进行分类也许就不多见了。按记忆方式分类，有机械式记忆、逻辑式记忆、图像式记忆。本章重点是讲如何有效使用这三种记忆模式。

在众多记忆方法原理中，我选这三大记忆模式作为本书基本原理的切入，是因为一旦你掌握这三种记忆方式的内涵以及运用步骤，你的记忆效率马上就会有所提升。听起来有点自卖自夸的意思，是否真如此，认真学完本章内容，自己来评估吧。

分析结构
理解记忆

逻辑式记忆

精深训练
条件反射　**机械式记忆**　　**图像式记忆**　形象呈现
右脑记忆

三种记忆模式

机械式记忆

就是重复识记。有人理解为死记硬背，实际上死记硬背是没有标准的反复记忆过程，而机械式记忆是有标准的反复识记过程。

举个例子，记忆一个随机的手机号码"18539236372"，死记硬背基本上就是照着念、照着抄，直到记住。机械式记忆会结合自然记忆广度（人的自然记忆广度单位是7±2）拆分成"185-3923-6372"或"185-392-363-72"等组合形式，然后再配合节奏速读，或者按照遗忘规律进行反复记忆。这样有计划有规律的反复记忆，肯定比没有标准的死记硬背效率要高得多。

逻辑式记忆

可以理解为规律记忆、理解记忆。对学习的内容，弄清楚其意义及逻辑架构，能做到用自己的话复述出来，就算是理解记忆完成了。由于理解知识内在规律的过程需要逻辑思维来完成，所以这种以逻辑思维结果为内容的记忆，就称为逻辑式记忆。

我们还用数字来举例，一组随机数字"11092745638110"，乍一看可能不容易记忆，但如果找出其中的规律来，就能轻松记忆了。

我们把数字分组来观察：11 0 9 2 7 4 5 6 3 8 1 10

不难发现，这组数字的规律是奇偶间隔，奇数由大到小，偶数由小到大的组合排列。是不是一目了然，而且基本上可以做到不记而记了？这就是逻辑记忆的一种简单体现。

也许你会问，数字可以这样，那文字有这样的规律吗？文字虽然没有数字这么工整规律，但文章句子是有语法和结构的，同样可以从中找出规律，实现逻辑记忆。我喜欢把文章和句子的逻辑结构称为文字的排兵布阵，用沙场布阵的思维去解决文章逻辑记忆。后面的篇章中我们会详细讲解。

图像式记忆

就是把信息处理成脑内形象的一种记忆方式。大脑的语言是"形象"，大脑对有形象的信息更容易记得快、记得牢。对于非形象的信息，不论是通过意义理解在脑中形成印象，还是通过技巧记忆的处理形成趣味形象，最终的目的都是把外界信息转化成形象信息，进行图像记忆。

举例：秦灭六国顺序——韩、赵、魏、楚、燕、齐。我们利用"韩赵魏楚燕齐"的发音可以谐音成"喊赵薇出演戏"，就变成有趣的形象了。

再举例：我们要记忆生物的知识——缺乏维生素B_1的症状是脚气病、神经炎、食欲不振、消化不良。如何编成趣味形象来记忆呢？先把维生素B_1中的"B"联想成Boy 的缩写，然后就可以编成一个有趣的故事："一个男孩（Boy），得了脚气病，他好奇地闻了一下脚，结果被脚气熏到神经炎，臭到食欲不振、消化不良了。"

是不是感受到图像记忆的趣味性了？最重要的是很快就记住了。因为通过有趣的联想在大脑中建立了一个画面，而有趣的画面会使记忆更加深刻。

第二节　逻辑—图像—机械记忆模式

有些记忆学习者把三种模式理解成三种记忆方法了，甚至会对它们进行对比评估，要比出个高低，然后选用所谓最好的记忆方法。

我把这种想法理解为从一个极端走向另一个极端。

有不少人在未学记忆法之前，记忆方式就只有死记硬背。学记忆法之后，就觉得什么信息都要用记忆法来操作。结果发现，太简单的知识用记忆法太麻烦；比较复杂的知识又因为技巧掌握不全面，用记忆法记起来又难效果又差。这不学记忆法还好，学起来后不但记忆力没提高，反而不会记忆了。陷入两难境地之后，大部分人自然是选择放弃继续学习记忆法了，只有少数人能够坚持下去。

这里，我们来讲讲在学习记忆法时，如何避免陷入这种状况。我们直接采用记忆的三种模式的组合应用，来解决学记忆方法不会用、用不好的问题。

这三种模式的运用，不是单兵作战而是团队作战。因为稍微认真去思考，或者开始去使用，我们很容易就感受到，每种方法单独应用，都有其局限性。所以我们不能把三种记忆模式看成是三种方法。

如何有效地应用这三种模式呢？

我是把它们组合起来用的，按照组合使用的顺序命名为逻辑—图像—机械记忆模式。

列举简单的示例——

有网友总结了一条规律，用"伸手要钱"四个字解决了丢三落四的问题。

首先，把经常丢三落四的东西进行归类，比如说证件、文件之类的物品，归类为必须随身的物件，简称"身"。其次，把手机、手表、电脑等电子设备，归类为手上使用的物件，简称"手"。第三，把门钥匙、车钥匙等物件，简称"钥"。第四，把钱包、现金、公交卡、银行卡等与钱有关的物件，简称为"钱"。

四个简称合起来就是"身手钥钱"，谐音处理变成"伸手要钱"。这样，经常丢三落四的人，只要牢记这四个字，每次出门前依照四字口诀检查一下物件，自然就能避免落东西了。

　　当然，不是每个人每次出门都要带"伸手要钱"这些物件，我们也可以根据自己的实际情况，总结属于自己的"四字口诀""五字口诀"，比如我看到有其他老师编成"伸手要点钱"的五字口诀，其中"点"是"电（充电宝）"的谐音。

　　现在，我们来学习如何自己定制记忆。

　　1.把自己需要带的物件进行归类，整理出自己的检查口诀，这属于逻辑整理；

　　2.把这个口诀通过图像记忆的转化处理，变成有趣的形象画面；

　　3.制订复习标准，进行机械记忆复习，形成牢固的记忆。

　　这就是一个简单的逻辑—图像—机械记忆的流程。

　　再看一个单词的记忆示范，比如我们要记忆单词"assassinate"，中文意思是"暗杀"。

　　先进行逻辑处理，拆分成"ass-ass-in-a-te"，ass 是"驴"的意思，in 是"在……里面"，a 是一（个）的意思，te 是"特务"的"特"字的拼音。再进行图像记忆，联想一个有趣的故事：两头驴（ass-ass）在圈里（in）被一个（a）特务（te）暗杀了。最后，把这个故事的图像画面、字母拼写、中文意思进行几次复习，形成牢固记忆。

通过以上两个示例，我们比较清楚地解释了逻辑—图像—机械记忆模式。

逻辑理解是一把开山斧，把复杂的信息先拆解成容易理解和方便记忆的组块化；图像记忆是大脑的加工机器，把所有组块化的信息重新组合成便于记忆和提取的方式，存入大脑；机械记忆是强化推进器，通过有计划的复习和练习，实现脱口而出的条件反射。

逻辑—图像—机械记忆模式，其实就是一套记忆的操作体系。掌握这个体系，并将其应用在知识的记忆上，即使你现在的记忆技巧还不熟练，也会因为有记忆流程而使你的记忆效率有所提升。

等你把本书后面的记忆技巧都学完并且训练成为个人技能后，这个记忆流程会发挥更大的作用。相反，没有掌握操作流程的人，即使单个技巧练得再好，如果打不出有效的"组合拳"，自然也没多大用处。

第三节　万能记忆公式

大部分通过看书自学记忆法的朋友会发现，这些方法并不难学，但就是很难学以致用。主要原因是读者并不明白，学习记忆法最重要的是先把记忆流程掌握好，而不是翻开书本，看到一个方法就练一个方法。那些没有先抓住流程的训练者，到头来会感觉，方法学了不少，但是不知道怎么用。别人问他学了什么，也不知从何讲起。

学而无法致用，这个问题一直困扰着许多学习者，而且很多时候大家也没有解决的办法。请教他人时，得到最多的答复就是"多看几遍，多学几次，也许会有点效果"。这种浑浑噩噩的学习思维和习惯，从读这本书起你就必须改掉了。要做一个心明如镜的高效率学习者，就必须有高效率的学习程序。

现在，我们要学习的是快速记忆体系中的记忆流程，对于这个流程，你不妨大胆地理解为记忆的"万能公式"。因为所有我们已经接触过的书籍和知识，都能够应用这个记忆公式有效地完成。

概括来说，就是当我们遇到一份要记忆的信息，我们需要先进行信息解构（理解、分析、重构），然后转化成图像（把解构所得的关键信息转化成记忆的影像），再使用记忆术（运用具体的记忆技巧进行记忆存储），最后强化记忆结果（运用多元方式强化记忆内容）。

现在，我们逐步来解读这张"万能记忆公式"流程图。

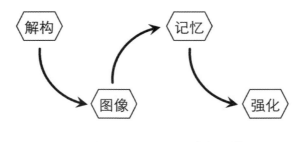

高效记忆流程——"万能记忆公式"

第四节　记忆之前先解构

有个值得思考的现象：我发现在阅读时，有些句子是我从来没读过的，但只是读一遍就牢牢记住了，而有些内容，尽管我重复看了好几次，还是不能准确地说出来。

我身边的许多人也有这样的情况。在学习的时候，总有些内容不需要太费劲，看一遍就轻松记住了，甚至是一字不差地记住了。而有些知识反复记了好几次，还是会遗漏。

针对这种现象，我观察了很久，发现如果所阅读的内容是我熟悉的一种逻辑表达方式，那么读一两遍就记住了；如果文字内的逻辑结构不是我习惯的，那么我会读得很拗口，理解也要费心，记忆更是费力。

比如我常会把"瞻前顾后"读成"前瞻后顾"，因为我学过一个词语叫"前瞻性"，所以每次看到这两个字出现的时候，下意识也就会调用"前瞻"这个习惯的组合。而把"顾后"读成"后顾"，是因为有个词是"后顾之忧"。

在我们早期的学习中，大脑已经积累了许多信息，这些已知的信息可以帮助我们快速学习新的知识，同时也会左右我们对新知识的认知。

我经常在课堂上让学生做阅读复述练习，就是用自己的话复述阅读的内容。我发现大部分学生复述出来的内容和原文的表达方式并不完全一致，但表达的意思是一致的。表达方式不一致主要表现在逻辑和词汇两个方面。

逻辑不同，是指尽管表达的意思是一致的，但有的学生复述的表达逻辑与原文完全不同。比如"多读书，是没有坏处的"，会说成"多读书，是有好处的"。词汇不同，是指学生复述时换了另外的词语来表达。比如"很有智慧"会说成"很聪明"。这应该与个人的知识结构和知识积累有关。

在阅读的时候，作者的文字若与我们的逻辑习惯相近，而且作者所用的词汇与我们的知识积累相近，那么我们极有可能读一遍就能完全一字不差地复述出来。相反，如果作者的表达逻辑和选用的词汇与我们的逻辑习惯和词汇积累完全不同，那么我们阅读起来就会感觉吃力，而且理解程度和记忆程度也会大大下降。

在阅读和学习中这种情况非常普遍，我们需要解决它，才能更好地理解所学内容，进而更好地进行记忆。也就是说，只有提升我们的理解力，才能进一步提高记忆力。

解构的方法就是有效提升理解力的一种渠道。我们用举例的方式来说明解构的两个基本技巧——

举例：贯彻实施依法治国方略，是一场从思想观念到实际行动的深刻革命。

这个句子的字数虽然不多，但不多读几次很难顺利地记下来。现在我们对这个句子进行简单的解构：句式和关键词分开——

句式：贯彻实施……，是一场……革命。在这个句式里，只要记住"实施某件事情，是一场革命"。

关键词：依法治国方略、思想观念、实际行动。这里要结合句式来理解，实施某件事情，是什么事情？是依法治国的方略。是一场怎样的革命？是从思想到行动的革命。

通过以上举例，我们学到了解构的两个基本技巧——"句式"和"关键词"。

学过记忆法的朋友容易把解构方法理解为"关键字记忆法"。关键字记忆法的一般处理方式是，用自己的理解方式总结提取句子的关键词。从表面的处理过程来看，这和解构方法没有什么两样，但二者最大的区别是，关键字记忆法对于句子的理解是由学习者自身的逻辑习惯来完成，而不是提供一个有效的逻辑处理方式。解构方法是在关键字记忆法的基础上，优化对句子的结构分析的技巧。

千万不要觉得句子结构分析是件很专业的事情，好像需要具备专业的语文语法，或者达到某种文学境界才能使用得好。其实，只要我们能够正常阅读文章，能够做基本的理解和分析，再按照解构提问法操作，就可以轻松解构一篇文章。也就是说，我们在做解构的时候，只要问问题就行了。

需要问什么问题？上文的例子我们问了两个问题："做了什么？（实施了什么事情）"；"是怎样的事情？（是一场怎样的革命）"。

除此之外，解构时也可以从记叙文的四要素进行提问：什么时间，什么地点，什么人物，什么事件。还可以用5w2h 进行提问：是什么，为什么，怎么做，什么人，什么时间，什么地点，什么程度。在职场中比较流行的是"黄金三问"，即"what、why、how"的思考组合。

在解构叙事类的文章时，最适合使用的解构方法就是记叙文四要素；在解构介绍类文章时，适合使用"黄金三问"，可以快速拆解文章的结构，然后再根据需要，运用5w2h 法则补充。

简单来说，解构就是解析知识的结构，运用能够用上的逻辑去拆分信息，对需要记忆的内容进行最充分的理解，并且整理出相应的关键词。

第五节　通过音形义将信息转化成图像

完成解构之后，第二步是把整理出来的关键词转化成图像信息。转化的方法主要从文字信息的三个属性角度"音、形、义"进行处理。

由于在解构阶段已经完成理解工作，在图像处理阶段就无须太在乎扭曲原意，产生怪诞、荒谬的联想。除非没有经过理解就直接进行图像记忆处理，那么极有可能在回忆的时候发生信息记忆混淆的情况，导致记忆的内容发生偏差。因此，在进行图像转化处理之前，一定要对记忆的内容进行充分理解，以免产生记忆混淆的问题。

下面我们对转化的三种方法进行详细讲解。

音，对应的是谐音法。寻找与需要记忆的文字同音或相似音的形象词语，借用其图像来做记忆的影像，所得的图像并不需要与原文意思有关联。谐音法一般有同音、变调、变声、变义几个法则。

举例：

词语"吴功"，通过同音规则，找到同音词"蜈蚣"的形象。

词语"谐音"，是一个抽象概念，通过拼音的变调，找到有形象画面的"鞋印"。

词语"抽象"，通过变义加减字，组成词语"抽打大象"，就可以联想到一个具体的画面了。

词语"糊涂"，通过模糊音改变声韵，找到有形象的近音词语"葫芦"。

形，对应的是象形法。通过文字外形寻找相似的图像，所得图像也无须与原意有关。除了本身指代形象事物的名词以外，象形法一般有：拆分造形、局部借形。

举例：

"造"字，可以拆分成"辶、牛、口"，可以联想"牛一口咬掉自己的尾巴，走掉了"，这就是造形。

"描"字，通过近似字"猫"，联想到"一手（扌）抓住一只猫"。这就是从"猫"字借形。

义，对应的是意象法。通过文字的意义，在现实中寻找对应的画面，所得图像必须与原文意思有关。

举例：

成语"隔岸观火"，通过字义直接联想到"站在河对岸观火"的画面。

诗句"枯藤老树昏鸦"，直接可以联想画面"一棵老树上缠绕着枯干的藤，黄昏下一只乌鸦在枝头立着"。

这里先简单把方法说清楚，然而在实际学习中，还是会遇到各种各样的内容，令你感觉很难转化出有效的记忆图像，这时可以采取三种方法组合使用的策略，就能轻松解决所有信息的图像处理问题，这个组合的策略应用，在本书中会有许多的举例说明。

第六节 串联记忆法

第三步是针对不同的内容，选择不同的记忆技巧。这也是广大记忆法学习者最困惑之处，很多人在应用具体的记忆法时，都不清楚什么情况下用什么记忆技巧。出现这样的情况，主要是对记忆方法的分类和作用不熟悉。当然，很大程度上是由于没有系统地学习记忆法造成的。

由于在知识学习面前没有所谓的统一标准，所以不同的记忆法教授者，对方法的称呼也有不同，造成学习者误以为记忆法有几十种、几百种。比如说"串联记忆法"，又称锁链法、倒背如流法、连锁记忆法、故事串联法……"定桩记忆法"又称罗马房间法、地点记忆法、记忆宫殿法、定位记忆法……"数字编码法"又称数字密码法……

其实，把这些方法归纳起来，无非就三种记忆系统：串联记忆系统、定位记忆系统、编码记忆系统。

串联记忆法，又称为锁链记忆法、倒背如流记忆法等。这个方法是把若干要记忆的信息，组成一个故事，或做一个连贯的逻辑关系，回忆时只要想起第一个信息，就能通过记忆的故事和逻辑，依次回忆出所有的信息。

比如我们记文学作品，冰心的代表作《繁星》《超人》《小桔灯》《小说集》《我的秘密》《春水》《寄小读者》《再寄小读者》《三寄小读者》。

这样的知识，其实用机械记忆和逻辑记忆也能实现，但并不是最佳的记忆方式。通过观察可以发现，这几篇作品的名称都是比较具象的词语，就是可以直接联想到画面的。

我们用串联法编成一个图像故事：在一个繁星点点的夜晚，冰心超人提着小桔灯在看小说集，冰心超人读完小说集后，说："这里面记载了我的秘密。"于是她复印了三本小说集，渡过春水把小说集寄小读者、再寄小读者、三寄小读者，一共寄给三位小读者。

请注意：如果没有经过专业记忆训练，光看这个图或者阅读以上图像故事，极有可能是记不住的。因为你可能用文字思维去阅读，而没有切换成图文交替思维。图文交替就是既要思考词语意思与关联的逻辑，又要想象动态

的画面。这是典型的左右脑混合使用的表现，一般初学图像记忆的人会觉得有点不适应，因为对逻辑思维和形象思维的"左右互搏"运用并不熟练，此时就需要导师引导或者反复训练来达到有效记忆。当你练成记忆高手后，就可以应用自如了。

现在，我来揭开图像记忆的有效技巧。这里以上图冰心主要代表作来讲解，请你再观察以上的故事图，我们把内容进行重新分组——

第一组：1繁星；

第二组：2超人（冰心）、3小桔灯、4小说集、5我的秘密；

第三组：6春水；

第四组：7寄小读者、8再寄小读者、9三寄小读者。

请你仔细观察四组对应的图像部分，我们可以在大脑中建立简化的图像和文字概念："繁星下，超人渡过春水去寄小读者。"用最短的时间将这个简化的图文记下来，而且脑海里是必须有图像的。

然后，再根据这个简化的组合去分解第二组（超人）和第四组（寄小读者）的细节内容。第四组是连续三次寄小读者，理解就记住了。第二组是"一个冰心超人，提着小桔灯看小说集，说这是我的秘密。"

如果你能按照我的分解节奏理解和联想到相应的画面，相信你很轻松就能记住冰心的代表作内容了。

我们再来体验另外一个组串联记忆，记中国的十大景点。它们分别是安徽黄山、桂林山水、长江三峡、杭州西湖、苏州园林、台湾日月潭、承德避暑山庄、北京故宫、西安兵马俑、长城。

用串联法把它们编成一个故事：

从安徽黄山上流出一股山泉水，山上流出来的山水，叫桂林山水，水冲到山下分成三股，叫作长江三峡，三股水汇聚成一个湖，叫杭州西湖，西湖四周种满了树，长成一个园林，就是苏州园林了。茂密的园林中有一个神秘的水潭，里面住着太阳和月亮，所以叫台湾日月潭，日月潭的神奇景观吸引皇帝在这里建了一座避暑山庄，因为好皇帝是要传承最高品德文化的，所以山庄叫作承德避暑山庄，既然是皇帝的避暑山庄，庄里肯定要建一座皇宫吧，这个皇宫就叫北京故宫，有了故宫，就需要士兵守卫，于是请来西安兵马俑看守故宫，兵马俑在故宫外面筑了一座长城来护卫。

串联法强调的是在脑内想象整个动态画面，这里就不放出故事的图示了，建议有兴趣的读者，自己根据故事的描述画一个简单的草图，这样更有助于加强记忆。当然，我们还要关注这组词语形成的逻辑组合。相信不难看出，安徽黄山、桂林山水、长江三峡、杭州西湖可以合成一组，因为它们都可以和"黄山上流下来的山水"形成逻辑关联；苏州园林、日月潭、承德避暑山庄、北京故宫可以合成一组，因为在串联故事中，这四组景点都设定在苏州园林里；最后再用故宫去关联兵马俑、长城。

通过上面这个串联逻辑故事，相信你已经领悟了串联的基本方式，就是在两个图像之间加一个联结的动作，一个接着一个联结下去。并且在联结过程中，把有关联的词语在逻辑理解中组合在一起，这样方便回忆的时候调用组块记忆。

如果你已经记住了上面的故事，就请你来做一个挑战，就是从长城倒背到安徽黄山，看看你是否能够倒背记忆。一旦记住了整个故事的画面，是完全可以倒背的，稍微复习几次就可以实现倒背如流了。

然而，如果你认为串联法就是这么简单，那就大错特错了。过去确实有很多学习者听完串联记忆的举例就说"原来倒背如流这么简单"，等到真正应用时却发现自己编的故事怎么都记不好。

因为串联法表面上是编故事，其实背后涉及图像联结的几个细节，而编故事只是其中的一个小技巧。现在我们来了解一下串联记忆法的几个基本技巧：

1.一对一联结。不管有多少个词语要记忆，只需要做好每两个词语的图形联结。比如要按顺序记忆"裙子、足球、妈妈"，想要把三个词语编成故事，尽管不难但也要花点心思去考虑，而如果只是考虑"裙子和足球，足球和妈妈"的组合，那就简单多了。很容易就能想到"裙子里掉出足球，足球砸中妈妈的头"，而且还不止一种想象：裙子包着足球，裙子上画着足球……足球掉到妈妈手里，足球滚到妈妈脚上……

2.一对多联结。如果前面是人物或能主动发出动作的物品，可以利用其动作，连续联结后面多个信息。比如"小刀、西瓜、裤子"，可以联想"小刀劈开西瓜，西瓜汁溅到裤子上"；比如"护士、手套、猪、玫瑰、垃圾桶"，可以联想"护士戴着手套从猪嘴巴里拔出玫瑰，丢在垃圾桶里"。看清楚，这并不是编故事，只是做一连串的动作。

3.巧用属性迁移联结。每个事物都有自己的属性作主，在记忆联结中，我们将事物的属性应用到相似之物上，比如绳子，它本身的属性就只有捆、绑、系、吊、拉、挂……如果把电线、铁链、蛇和刺藤的属性赋予绳子，那么它就拥有"电绳、铁绳、毒绳、锯绳"等属性了。

串联的技巧远不止这些，不过只要掌握以上三个基本技巧，在实际应用中自然会演变出更多的技巧。但是有几个联结词是被认为容易导致串联断链的，分别是"像什么、在什么旁边、由什么做成/变成"，并不是说用这几个词语进行联结就会记不住，而是大量的应用结果显示，这几个联结词导致串联记忆断链的概率很大，因此在应用时需要注意。

第七节　定位记忆法

定位记忆主要是以西蒙尼德斯的场所记忆为核心进行优化演变。古典记忆术的定位系统是场所，借助客观世界中建筑物的空间外形，在脑海里建立此空间的影像，形成脑中的记忆宫殿，便可以用于存储知识的图像。

现在，我们根据古典记忆术（第二章中西蒙尼德斯的记忆原理）建立一个复杂的记忆场所。对于初学者，建议复杂的记忆场所，先以10个为一组。等到完全掌握空间记忆的方法之后，再逐步增加每组记忆场所的数量。

我们可以随机在网络上搜一张房间效果图，选图有几点要求：

1.要有空间立体感。不管是漫画图，还是真实效果图，都需要有空间立体感。

2.图中物件距离适中。图中选作记忆点的物件之间的距离要适中，特别是前后位置，距离不要太远，也不要太近。

3.空间的光线、舒适感要好。光线要明亮，感觉起来要舒服。不要太暗、太乱、太脏。

4.图中的物件要超过10个以上。并不是规定就必须找 10个点。主要是从图片管理角度考虑的，试想，一张图找10个点与两张图才找10个点，哪种更方便管理呢？（我们也尝试过在一张图上找出30～50个记忆点，也能运用于记忆，不过那样对空间图的要求比较高，对个人记忆水平的要求也比较高。）

按照这个要求，我们找到一张适合的房间效果图，以此来建立我们的空间记忆场所，我们暂且把这张图称为"卧室"：观察此图，只要是独立的物件，都可以选作记忆点。如台灯、壁灯、枕头、被子、窗户、椅子、茶几……

选取记忆点有几个要求：

1.优先选取有鲜明特点的物件，一般具体的物件都属于有鲜明特点的。在此图中，特点不太鲜明又常常作为记忆点的有墙体、地板。

2.有多个相同的物件，最好只选一个。如这张卧室图中有两个枕头、两个台灯、两张椅子、三个壁灯，这些都是属于多个相同的物件，若只选其中一个就不必解释了，若要选取两个相同物件，那么必须选不同的位置，比如选两张椅子，那就选这张椅子的坐垫和那张椅子的腿，总之不要选相同位置。

3.两个记忆点间的距离，不宜过近或太远。这个怎么判断呢？以现实中的距离作为依据，比如现实中两个物件的距离是1米，那么在想象中的距离就是1米。假如有两组记忆点，一组距离是0.5米，一组是2米，那么当你的注意力在记忆点间移动时，0.5米那组的移动时间肯定要比2米那组快一些。也许快不了几秒，但是对于极速记忆高手而言，差一毫一秒，可能就是冠军和亚军的差别了。因此选点的距离，也是要讲究的。

下图是按照选点要求选取出来的10个记忆点。我们第一步需要做的是，牢记这10个记忆点。对于大脑来说，记忆图像是非常容易的事情。我们先为每个记忆点进行命名，然后我再教你一招快速牢记这套记忆场所的秘诀。

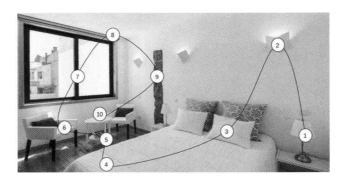

记忆点：

1—台灯，2—壁灯，3—枕头，4—床单，5—茶几底盘，

6—椅子，7—窗户，8—窗帘杆，9—装饰柱，10—茶几桌面

备注：图中物件的名称并不是特定的，你可以根据自己的喜好随意命名，或者以相同区域的其他物件命名。比如4床单，可以说是床尾；5茶几底盘，可以换成茶几腿；6椅子，可以说是沙发，或者沙发的腰枕。

上图选点中有一个细节，细心的读者肯定会发现，5和10都是茶几上的点，为何桌面要排到记忆点10，而不是在记忆点5的后面，作为记忆点6？因为在整个卧室空间中，茶几的底盘和桌面，相对而言距离是比较短的，如果按先后顺序排列的话，在记忆的时候，在心理感觉上会显得拥挤而有可能导致记忆效果不佳，所以就错开了两点的顺序。

一般情况下，教记忆术的老师会让学习者仔细观察、朗读、记忆这10个地点，这虽然是有效的方法，但不是最快的方法。最快的方法是框架组合观察记忆，比如卧室图中，记忆点3-4是床上的物件，可以自成一组；5-6-10是沙发茶几套件，可以成一组；7-8是窗户组件，可成一组。再把其他几个零散的记忆点加入邻近的组合中，最后可以形成"1-2-3-4""5-6-10""7-8-9"三个空间物件组合。这样的组合，普通人认真仔细观察10~30秒，就能把空间的画面印记在脑海里了。

需要提醒的是，如果想要完整地把这个卧室图存进大脑，成为你的记忆场所，你最少需要花3~5分钟的时间完成以下几个步骤：

1.观察卧室的记忆图（即标上数字的那张），理解每个点的名称。

2.按照空间组合方式进行整体记忆。

3.不看图，按顺序回忆图像和复述10个点的名称。

4.不看图，按奇数顺序快速回忆图像并复述1、3、5、7、9记忆点的名称，再按偶数顺序快速回忆图像并复述2、4、6、8、10记忆点的名称。

5.完成上述步骤后，再倒序回忆一遍图像。

这个方式是我们在培训课堂上应用得比较有效的一种快速掌握场所的技巧。当你牢牢地把卧室的场所印进大脑以后，就可以开始运用它进行信息的记忆了。我们通过下面的案例来掌握这个方法。

举例，我们要记忆知识点"世界十大文豪"，分别是：高尔基、歌德、莎士比亚、列夫·托尔斯泰、拜伦、鲁迅、雨果、泰戈尔、但丁、荷马。

现在我们需要处理的是每个文豪名字的图像，可以通过阶段二——图像转化的几个技巧来操作——

1.高尔基：通过意象想到"高尔基说过，书是人类进步的阶梯"，从而联想到一个书搭建的阶梯。或者通过谐音变成"高耳机——很高大的耳机"。

2.歌德：用谐音加减字，组成"歌颂品德"，联想到播放歌颂中华传统品德的诗歌。

3.莎士比亚：可以直接用莎士比亚的人物形象。如果对莎士比亚的形象没有概念，可以用谐音技巧，变成"沙石壁鸭——沙漠石壁上刻着一只鸭"。

4.列夫·托尔斯泰：谐音成"猎夫托耳思太——一个猎夫，用手托着耳朵，在思念他的太太"。

5.拜伦：谐音成"白轮——白色的车轮""百轮——几百个车轮"。

6.鲁迅：可以直接用鲁迅先生的形象。或谐音成"炉熏——烤炉的烟熏人"。

7.雨果：用变义法则"雨里有糖果——下起糖果雨"。

8.泰戈尔：这是英文tiger（老虎）的同音，直接选用老虎的形象。

9.但丁：谐音变义成"蛋钉——鸡蛋上钉一根铁钉"。

10.荷马：谐音成"河马"。

图像转化完成后，就可以把这些人名所对应的形象，和卧室图中的记忆点进行联结——

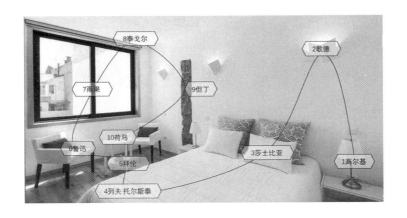

1.台灯：记忆高尔基，台灯下用书堆出阶梯，或者台灯上挂着一个很高大的耳机，还可以夸张地想象耳机漏电了，使台灯喷出电火花。

2.壁灯：记忆歌德，壁灯上挂着音响，音响播放歌颂品德的诗歌。

3.枕头：记忆莎士比亚，可以联想莎士比亚躺在床上写《罗密欧与朱丽叶的故事》；没听过莎士比亚的朋友，可以用"沙石壁鸭——沙漠石壁上刻鸭"，把沙漠中一块刻着鸭子的石壁，抬放到枕头上，还有沙撒在上面。

4.床单：记忆列夫·托尔斯泰，谐音"猎夫托耳朵思念太太"，一个猎夫躺在床单上，托着耳朵，陷入深深的思念，思念他美丽的太太。

5.茶几底盘：记忆拜伦，茶几底盘放着一个白色的车轮，或者茶几底盘上堆了一百个车轮。

6.椅子：记忆鲁迅，可直接想象鲁迅先生在此坐着休息。也可以用谐音"炉熏"，椅子上放着一个火炉，火炉点燃了椅子，浓烟熏人。

7.窗户：记忆雨果，窗户外面下起糖果雨，糖果砸破窗户掉了进来。

8.窗帘杆：记忆泰戈尔，谐音"tiger"（老虎），窗帘杆上挂着一张老虎皮。

9.装饰柱：记忆但丁，谐音"蛋钉"，用钉子把鸡蛋钉在墙柱上，还可以夸张地想象鸡蛋的蛋黄和蛋清沿着柱子流下来。

10.茶几桌面：记忆荷马，谐音"河马"，一只河马站在茶几桌面上，用力一踩，桌面破了个洞。

只要认真完成上述内容的想象，注意是想象到描述的场景画面，不是死记。死记是没有多大效果的，只有想到画面，才能轻松地记下来。

记住之后，你可以对内容进行顺背、倒背、抽背检验记忆效果。至此你就完整体验了最初级的定位记忆。不过现在，你只能做到一个记忆点记忆一个信息的图形，如果掌握高级的记忆技巧，并且加以强化练习，定位记忆最终可以做到在一个记忆点上记住数十个图像。我个人实践过最多的是在一个记忆点记忆了数百字的简答题考点。

定位记忆，除了借助客观世界的建筑空间，还可以借助其他有逻辑结构的物体的空间形象，来建立大脑的记忆场所。最常见的几种有：身体定位系统、汽车定位系统、数字定位系统等。这几个定位系统我们后面会详细讲解。

在选择使用这几种记忆系统时，以结果为导向是最有效也是最直接的判断方式。明白这一点，以后就不要再问"某某类型的知识要用什么方法记忆"，而是先问，这个知识我要怎么用，然后根据应用目的来选择记忆系统。

例如，我背的是选择题知识，那我最终应用的场景是看到题目，选择正确的答案，因此只需要把标题和正确的答案串联起来就行了。如果我记忆的知识，最终是要一字不落地复述出来的，那么我记忆的时候，最好是采用能够定位的记忆技巧。

第八节　编码记忆法

编码记忆是指把常用的文字、数字、字母等信息，指定一个固定的图像。例如，含义、概念、步骤等各技能知识学习中常见的词语，可以给它们指定固定的编码图像。像"含义"可谐音成"寒衣——寒冬的大衣"，"概念"谐音成"钙黏——钙片很黏"，"步骤"谐音成"布舟——布做的舟"等，这些文字就永久固定用这些图像，以后记忆时就直接使用，无须重新考虑用什么图像才好。

　　再如常见的一些数字组合"1314""886""520"，一看就知道是文字"一生一世""拜拜啦""我爱你"的谐音，这也是编码的一种形式。总而言之，对经常在记忆中使用的文字、数字、字母信息，指定一个编码图像可以大大提高记忆效率。

　　在文字、数字、字母等信息编码中，广泛应用的是数字编码。数字编码通常是110个（一位数0~9，两位数00~99），国外有记忆高手编了三位数的编码（即000~999）。

　　字母编码是将26个英文字母编成26个图像，方便单词的记忆。其实光靠26个字母是不够的，于是就出现了字母组合的编码，常见的大概有100~200个。

　　至于文字编码，国内也有学者把汉字整理出编码图像。不过在我个人的应用中，单字的编码应用其实很少，大部分需要记的汉字都是词语和句子，由于生活中不同领域的人使用的专业词语都不统一，所以要把各类词语都编成图像，还不如锻炼好图像转化能力，随机应变。因此，对于编码记忆系统，本书侧重于数字和字母两个系统，文字编码则在应用篇当中举例。

　　本节我们先把编码系统的编码素材解释清楚，读者只要知道数字编码有哪些、字母编码有哪些就可以了，至于如何使用，我们在后面的训练会详细讲解。

数字编码

　　我记得在幼儿园时学过一首《数字歌》：

　　1 像树枝细又长，2 像小鸭水上漂；

　　3 像一只小耳朵，4 像小旗随风飘；

　　5 像衣钩墙上挂，6 像豆芽开心笑；

　　7 像镰刀割小麦，8 像麻花拧一道；

　　9 像蝌蚪小尾巴，0 像鸡蛋做蛋糕。

这是利用数字的象形进行编码，小时候我们就用到记忆法的技巧来学习数字了，只是当时年纪小，根本不懂这就是方法。数字编码系统要记忆的是110个数字，其中10个一位数的数字，100个两位数的数字。以下是我个人使用的一套数字编码表：

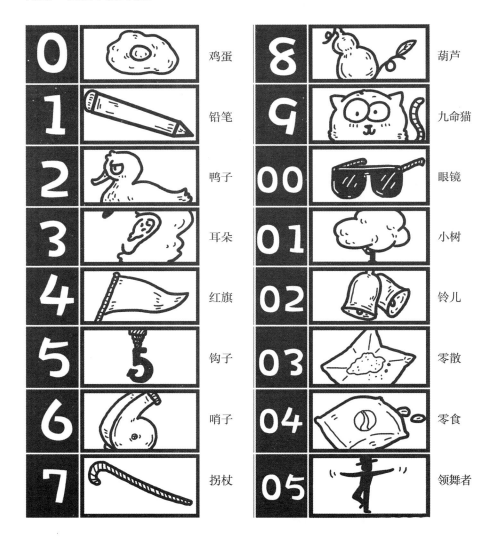

0	鸡蛋
1	铅笔
2	鸭子
3	耳朵
4	红旗
5	钩子
6	哨子
7	拐杖
8	葫芦
9	九命猫
00	眼镜
01	小树
02	铃儿
03	零散
04	零食
05	领舞者

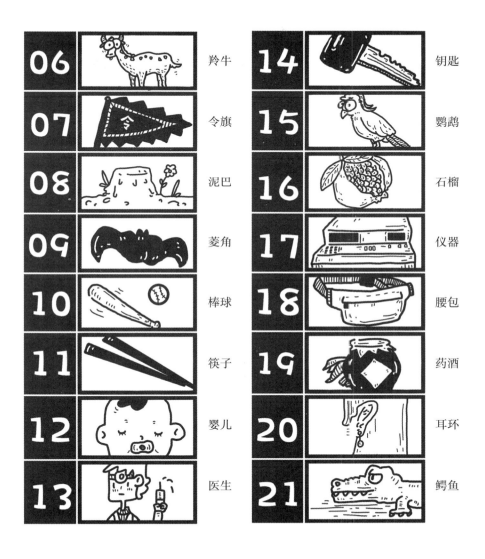

22		鸳鸯
23		耳塞
24		时钟
25		二胡
26		河流
27		耳机
28		恶霸
29		饿囚
30		三轮车
31		鲨鱼
32		扇儿
33		钻石
34		绅士
35		珊瑚
36		山鹿
37		山鸡

38		妇女
39		香蕉
40		司令
41		司仪
42		柿儿
43		石山
44		石狮
45		师傅
46		饲料
47		司机
48		石板
49		石臼
50		武林
51		工人
52		孤儿
53		武松

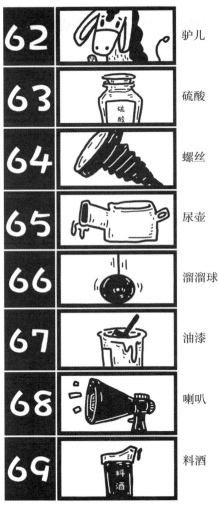

54	武士
55	火车
56	蜗牛
57	武器
58	王八
59	五角星
60	榴莲
61	儿童
62	驴儿
63	硫酸
64	螺丝
65	尿壶
66	溜溜球
67	油漆
68	喇叭
69	料酒

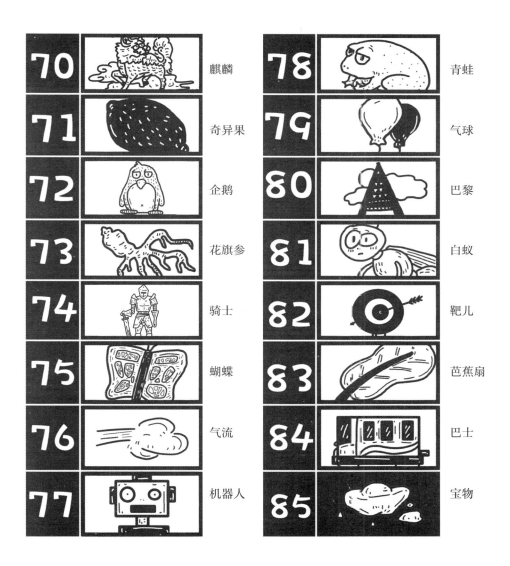

70		麒麟
71		奇异果
72		企鹅
73		花旗参
74		骑士
75		蝴蝶
76		气流
77		机器人
78		青蛙
79		气球
80		巴黎
81		白蚁
82		靶儿
83		芭蕉扇
84		巴士
85		宝物

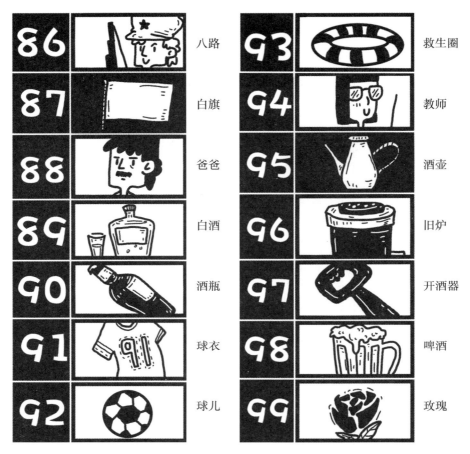

86		八路
87		白旗
88		爸爸
89		白酒
90		酒瓶
91		球衣
92		球儿
93		救生圈
94		教师
95		酒壶
96		旧炉
97		开酒器
98		啤酒
99		玫瑰

　　读者可以参照我的编码表进行改编，建立自己的数字编码表。建立数字编码有几点要求：

　　1.可选用象形、谐音等图像转化的技巧，也可以用个人方言或者数字的意义。比如2月14日是情人节，所以14是情人节玫瑰花，再如23是篮球巨星乔丹的号码，所以23是乔丹。

　　2.数字的编码必须是图像，不能是一个抽象概念。比如74可谐音成"骑士""奇石"，就不能谐音成"歧视""启示"等抽象词语；比如33谐音"闪闪"，不能单独用"闪闪"做编码，要变成"闪闪的星星"或者"闪闪钻石"。

3.一个数字可以有多个编码，比如01，我用小树、鲮鱼、灵异（幽灵）几个编码；65用尿壶、老虎、锣鼓等；33用闪闪的钻石、闪闪的星星，或者是两只大雁、海鸥等；99用九十九朵玫瑰、一九九九年澳门回归的莲花区旗、舅舅等。

4.数字间的编码图像不能出现重复。比如14用情人节玫瑰花，那么99就不能用玫瑰花；33用闪闪的星星，那么59就不要用五角星；16用石榴，46就不能用石榴，改用饲料。

字母编码

本书提供两种字母编码，一种是26字母的编码，一种是字母组合的编码。

字母编码表

A苹果	B男孩	C猫	D狗	E鹅	F斧头	G鸽子
H椅子	I蜡烛	J鱼钩	K机枪	L拐棍	M麦当劳	N门
O救生圈	P猪	Q气球	R小草	S蛇	T锤子	U杯子
V子弹头	W尖齿	X剪刀	Y弹弓	Z闪电		

元音字母组合编码表

	a	e	i（y）	o	u
a		ae矮鹅	ai爱心 ay阿姨	ao葵	au袄
b	ba爸	be鼻医	bi笔	bo伯	bu布
c	ca擦	ce厕所	ci刺 cy苍蝇	co扣子	cu醋
d	da打	de德国人	di笛 dy豆芽	do做	du毒药
e	ea（r）耳朵	ee两只鹅	ei恶人 ey鳄鱼	eo鹅蛋	eu欧洲人
f	fa头发	fe飞蛾	fi五 fy枫叶	fo佛	fu蝠
g	ga咖喱	ge哥哥	gi锯	go去	gu骨
h	ha哇哈哈	he河流	hi嗨、高	ho猴	hu虎
i		ie浏览器			

	a	e	i（y）	o	u
j	ja家	je姐		jo鸡蛋	ju橘子
k	ka卡	ke蝌蚪	ki火枪	ko孔	ku裤
l	la拉	le可乐	li李子　ly老鹰	lo 10	lu鹿
m	ma马、妈	me我	mi米	mo馍馍	mu木
n	na拿破仑	ne女儿	ni泥	no不	nu奴
o				oo眼镜	ou藕
p	pa手帕	pe皮衣、胖鹅	pi皮匠	po婆	pu扑
r	ra（n）燃	re热	ri日头　ry人鱼	ro肉	ru乳品
s	sa洒	se彩色笔	si四　sy鲨鱼	so搜	su酥饼
t	ta塔	te特务	ti梯子　ty汤圆	to吐	tu兔
u		ue巫医			
v	va蛙	ve五只鹅	vi六	vo涡轮	
w	wa娃		wi武人	wo蜗牛	
y	ya乌鸦	ye叶子	yi衣服	yo鱿鱼	yu鱼
z		ze沼泽			

辅音字母组合编码表

	谐音	a	e	i	o	u
dr	猪	dra爪	dre猪耳	dri猪医	dro炖肉	dru猪窝
tr	铜人	tra土壤	tre铜鹅	tri铜蜡烛	tro铁球	tru铜杯
sh	狮	sha傻瓜		shi狮子	sho石猴	shu书
ch	吃	cha茶	che车	chi吃	cho臭	
th	土豪	tha桃花	the铁盒	thi细	tho太后	thu铁壶
qu	蛐	qua酷娃	que雀	qui筷		
st	石头	sta水塔	ste狮头	sti石梯	sto神童	

　　我们学习字母编码，绝大多数需求是用于单词的记忆，因此字母组合的编码功能大于26字母编码表。在实用中还会遇到既不是元音字母组合，也不是辅音字母组合的字母组合，比如单词的前缀后缀或者自然字母组合等，也有人专门去整理并且编成了编码。当然，这些都是应用中可行的方式，读者

可根据自己的需要进行编码。

总结

以上三种基础的记忆系统（串联记忆、定位记忆、编码记忆）有各自的特点，掌握这三个大系统之后，再根据所面临的不同专业和学术类型的知识，演变出各种各样的记忆方法。比如，单词记忆、数字记忆、文章记忆、古诗记忆、人名头像记忆、历史事件时间记忆、地理图像记忆、销售数据记忆、太极动作记忆、音乐琴谱符号记忆……

如果刚开始学习记忆法就着急去研究具体知识的记忆方法，那很容易迷失方向。因为每种具体的方法都只是针对某一个类型的知识，而实际应用中，每个领域的知识都由各种类型的信息组合而成，若只学一招半式记忆法，如何能够应对呢？

所以，关于记忆法的学习，我给读者的建议是，先从最简单的基础开始，然后逐级递增训练提升。像小树长成大树，需先向下扎根，才能长得粗壮。一般情况下，只要你扎实去学去练，只需30～60小时（有效训练时间），就能学会超级记忆这项技能了。

第九节　记忆离不开不断强化

美国的青年学者杰弗里·卡皮克（Jeffrey D.Karpicke）博士在"重复提取理论"中指出：重复提取比细化学习更能促进知识的掌握和记忆。

编码与提取是学习的两种重要活动。此处的"编码"与编码系统的"编码"是不同的，编码系统的"编码"是指为常用的文字、数字、字母编一个特定的图像，而此处的"编码"是指将信息存入大脑的过程。

提取，是指从大脑记忆中回忆信息的过程。一般情况下，通常讲的学习是"编码"，而"提取"一般不认为是学习的组成部分。

卡皮克博士在研究中非常关注"提取"对学习的影响，他做了关于记忆提取的实验：让一组大学生记忆一些词汇，并且通过复习和测验使他们能够完全正确回忆所有词汇，接着将这些大学生分成四个不同的学习小组。A组是继续学习和测试词汇；B组是只测试不学习；C组是只学习不测试；D组是不学习也不测试。一周后，参加实验的大学生回来做记忆保持测试。

卡皮克博士通过大量类似的实验，发现重复提取对学习具有重要促进作用，因为提取测试不仅可以探查出学习者已经记住了什么，而且还可以起到强化记忆的作用。相对而言，复习就只起到强化记忆的作用，但并不能探查出学习者已记住什么。

在了解到重复提取理论之前，我最常和学生说的一句话就是"要多复习，而现在我常对学生说"要多测试，检验你记住了什么，没记住什么"。我会采用多元复习的方式来强化记忆效果。

强化记忆效果的多元复习方式，其中就包含重复提取。我记忆之后，除了基本的顺背、倒背、抽背检验，还要模拟应用场景进行测试，把可能出现的和不可能出现的各种难题都拿出来测试，检查我是否真的掌握。如果是考试的知识，重复提取可以利用考试的模拟题型来做强化练习，这就是我们在学习考试科目的时候需要做模拟测试的原因。而现实中，我发现很多学习者并不重视做测试题，他们往往认为最重要的事情，就是把书本上的知识记牢了，自然就会做题了，而且做的测试题考试都不一定会出，做了也没什么用。

　　尽管重复提取是一种非常重要的保持记忆的方式，但我还是坚持一贯的态度，不能只有一条路，不能只用一种方式，要多元组合。这里我提供一个简易的强化记忆的流程，给读者借鉴。

　　多元强化记忆流程：

　　1.记忆之后，立即做一次完整的复习，检查最初记忆的遗漏。

　　2.根据所记知识的用途模拟测试题目，做概念记忆测试（选择、填空类型），做理解应用测试（简答、论述、应用类型），做深度强化提取测试（倒背、抽背等类型）。

　　3.仿真场景模拟。比如我自己准备考试的时候，就在自己的房间，关上门，定好考试时间，找历年的真题，按照真实的规则自己模拟一遍。如果是用于演讲的记忆，我记完讲稿，会按照演讲的时间，躲在房间里对着镜子完整模拟几次，特别是讲到重点之处，观众如何反应我也要模拟，做到万无一失。

　　如果你每次完成记忆之后，都能够按照这个流程进行多次强化，效果一定会出乎意料。当然，现实中很多学习者反馈说："我的时间不够，基础的学习和记忆就花了很多时间，到最后根本没有时间进行强化练习了。"

　　我们的时间永远都是不够用的。因为够用的时候，六多数人都无动于衷地觉得还有大把时间，慢慢来。正因为时间经常不够用，才需要掌握更有效的学习技能，比如快速阅读、快速记忆、快速思考等能力。

　　话说回来，正因为多元强化记忆的方式是有效的，我们更应该分配足够的时间在强化阶段。而且在学习之前，必须正确评估自己需要投入多少时间，具体到每个部分的学习需要多少时间，都应该有个预估值，以此来制订自己的学习计划。

第五章

超级记忆训练计划（一）

第一节　串联记忆训练：图像和联结

串联记忆可以应用于词汇记忆，比如小学生课本中的词语记忆，中学生的学科知识词汇记忆，比如语文、地理、历史、政治、生物、化学、物理中的许多零碎的知识点，应用串联记忆就非常轻松有效。

过去，我们觉得倒背如流是很难、很高大上的事情。学了记忆法，才知道倒背如流（即串联记忆法）是超级记忆中的一项基本功，稍加训练就能够掌握。前文我已讲过串联记忆法的操作技巧，这里就不再赘述方法原理，直接进入训练的部分。

串联记忆的训练有两个量化的指标：图像和联结。

图像是指记忆的信息在脑海中产生形象画面。画面越清晰，记忆的效果就会越好。如何才算画面清晰呢？这里提供三个评分档次，来帮助读者评估自己图像感的清晰度：

1.假设真实看见和摸到物体的画面感，有颜色、有立体感、有细节，计10分；脑海里有个模糊的轮廓印象，或简笔画的轮廓，颜色灰白，只有平面的感觉，细节有印象但画面模糊，计5~10分；完全想象不到一点画面或者线条轮廓，各种感觉微弱甚至没有，计0~5分。

2.根据以上三个档次，评估自己想到画面的大致分值。如果有6~8分，基本上满足记忆图像的要求了。

联结是指图像之间的联结关系，最常用的是动作，比如"鹦鹉""球儿"的联结动作可以是鹦鹉抓起球儿、鹦鹉抓破球儿、鹦鹉拍球儿……以动作作为联结方式,是最容易的记忆技巧。

除了动作以外,我们还有词语关系组合技巧,比如"弹簧""小丑"组合成"一个弹簧身小丑头的弹簧玩具","苹果""手机"可以组合成"苹果手机","番茄""鸡蛋"可以组合成"番茄炒蛋"这道菜……

联结是串联记忆的关键部分,也是串联记忆的重点难点,很多训练者为此而头疼。我在训练班课堂上让学员训练的方式,是从两两联结练起,就是两个图像之间的动作训练,练到随机给你两个图像,10秒内能够想到3个动作。

两两联结是最基本也是最关键的练习,一定要练好。然后再练三词联结、五词联结就会越来越顺畅。千万要记住,练习不是做到"会"就算过关了,要练到"条件反射"才能过关,用互联网的游戏用语,就是要做到能够"秒杀"。

第二节 串联记忆训练方案

我们都知道训练计划和方案的重要性,明白想要训练有效,必须有一套有效的方案来帮助我们完成。但对于如何做一套有效的计划方案,大多数人却是一脸茫然的。

我自己做过大量的计划,有成功有失败,我也常常向身边一些优秀的人士讨教,研究他们的计划和执行的情况。我发现优秀人士的学习,并不过多依赖于什么方案。他们往往只是做好分解计划目标,就开始训练。至于达到目标的方案，他们一开始并不会太在乎，只有到了瓶颈阶段，才会考虑制订突破的方案。

大部分想要有一套完美方案的训练者，往往训练效果并不好。因为他们要的不是一套方案，而是把方案当作一种成功的保证，认为坐上有效方案这趟"成功快车"就可以高枕无忧了。然而在执行方案的过程中，遇到困难和感到需要付出努力时，他们就会认为这个方案不可行或者无效，然后就放弃了。

事实上，达到目标的关键不是方案，而是执行力。一流的执行力加上三流的方案，也可以创造出奇迹；而一流的方案加上三流的执行力，往往看不到成果。所以在训练时，最好先定下目标，然后发挥超强的执行力去攻下目标。我们暂且称这种方式为"目标+冲刺"的训练模式，通过以下训练举例，来掌握这种训练方式。

串联记忆训练等级目标

级别	记忆量	记忆时间
入门	10个随机词语	2分钟
初级	20个随机词语	2~3分钟
中级	50个随机词语	5分钟
高级	20个随机词语	1分钟
	50个随机词语	3分钟
高手	20个随机词语	30~40秒
	100个随机词语	5分钟

以串联记忆训练为例，训练目标以上文的等级表为准，然后分阶段向串联记忆高手级别冲刺。

第一阶段：完成入门和初级两个目标。掌握串联记忆法后，不需要详细的计划，比如每天练多少时间，练到什么程度就会有效果，完全不需要考虑，只要有时间就抓紧训练，每次3～5分钟，或者10～20分钟，都可以，一组两组都没关系。而且训练时一定要打秒表计时，不断逼自己做到更快。

只要方法正确，2分钟随机记忆10个词语的目标，应该很快可以实现。也许是练了5组就达到，也许要练10～20组。按照一般训练经验，有效时间不会超过60分钟。当然，即使超过了也没关系，因为是入门嘛，每个人的入门时间都不同，只管练就是了。

练到连续有3组10个随机词语在2分钟内完成了，就进入初级训练（20个词语2～3分钟），同样不用计划，直接训练，大概10～20组，就可能达到2～3分钟（有些训练者进行3～5组训练就达到了）。根据以往的课堂训练经验，50% 的训练者在训练到10～20组的时候，就达到2分钟记忆20个词语的水平了。这个阶段的有效训练时间，不会超过5 小时。如果超过20组训练，距目标2～3分钟100%记忆还要很久，那就需要检讨一下方法是否有问题。顺便提醒一句，一定要打秒表训练，一定要逼着自己做到更快，否则别人打秒表训练1天的效果，你慢慢练可能要10天才能做到。

第二阶段：完成初级目标后，直接测试5组50 词的记忆情况，评估距离5分钟100%记忆50个随机词汇差多少，根据这个差距设定下一步训练计划。比如5分钟能记完50个词语，但做不到100%记忆，或者要8分钟、10分钟才能100%记住50个词语。这时候，就要采取分解训练了。

比如把50个词汇分解成10个一组来测试，如果10个词语只需要30秒，那么50个词语理论上只要150秒（2分30秒），但实际上，50个词语一起记的时候，长达5分钟还做不到。这时，可以尝试连续5组30 词记忆，做到2分30秒内100%记忆，做到之后，再增加到40个词，最后再回到50个词记忆。这个过程中，把50个词语分解成10 词、30 词、40 词，细化目标逐级训练。

如果第一次就能在3分钟内记完50个词语（暂不要求100%记住），说明记忆速度没问题了，接下来可以通过放慢速度（在5分钟之内即可）训练，通过30～50组的训练基本可以实现5分钟50个词语100%记忆。

再次提醒，一定要打秒表，并且逼自己做到更快，没有效率的训练就是在浪费生命。

第三阶段：冲刺高级和高手的两个等级，基本是靠大量冲刺练习，在训练过程中要不断总结哪些细节是可以做得更好更快的，比如记忆过程中发现有两个图像的联结忘记了，要停下来研究一下是什么原因导致的，并思考解决的方式，确保以后再遇到类似的信息记忆时，不再发生联结断链的情况。这个阶段的时间无法具体评估，但是按照我个人训练的过程，最少要50个小时左右的训练量（每天3～4个小时，训练间断时间不能超过一周，这样持续1～2个月时间）。

前两个阶段完成串联记忆的入门、初级、中级，大概需要10个小时，可以达到5分钟之内50个随机词语倒背如流，第三阶段两个等级大约需要50个小时完成，到达记忆高手的级别。

也许读完这个训练方案，读者心中清晰很多，知道大概如何训练了。相信还是会有一部分读者感觉虽然方案清楚明了，但依然不知道怎么下手。这很正常，只要继续往下学，把本节中串联训练的所有流程走一遍，也差不多能达到初级水平了，然后可以直接开始进行中级训练。

第三节 多词串联训练

2词串联训练

训练目的：激发想象力，锻炼图像记忆联结能力。

规则要求：看示范，做练习，每组词语的联结动作要有3～5个。

串联示范：

爸爸、领带——爸爸打领带，爸爸洗领带，爸爸剪碎领带，爸爸吃掉领带，爸爸拿领带绑东西，爸爸用领带擦桌子……

领带、爸爸——领带绑住爸爸，领带包住爸爸的头，领带吊起爸爸的脚，领带被塞到爸爸嘴巴里，领带缠在爸爸的手上……

串联规范：动作尽量奇特、夸张、搞笑，尽量不要用在旁边、像什么、做成什么、变成什么，以及想象不够深刻的动词。

练习：

太阳、书包：_____

书包、太阳：_____

枕头、恐龙：_____

恐龙、枕头：_____

花篮、蚂蚁：_____

蚂蚁、花篮：_____

小刀、西裤：_____

西裤、小刀：_____

裙子、松鼠：_____

松鼠、裙子：_____

参考答案：

太阳、书包：太阳背书包，太阳扔书包，太阳烧书包，太阳打开书包，太阳撕开书包。

书包、太阳：书包中倒出太阳，书包装进太阳，书包上印着太阳，书包砸中太阳，书包挂在太阳头上。

枕头、恐龙：枕头上印着恐龙，枕头里装着小恐龙，枕头砸在恐龙头上，枕头套住恐龙头，枕头塞在恐龙嘴里。

恐龙、枕头：恐龙踩枕头，恐龙吃枕头，恐龙撕破枕头，恐龙枕着枕头，恐龙抱着枕头。

花篮、蚂蚁：花篮中装满蚂蚁，花篮甩出蚂蚁，花篮碾死蚂蚁。

蚂蚁、花篮：蚂蚁背着花篮，蚂蚁爬进花篮，蚂蚁啃花篮。

小刀、西裤：小刀划破西裤，小刀刺穿西裤，小刀切碎西裤。

西裤、小刀：西裤上挂满小刀，西裤包着小刀，西裤里装着小刀。

裙子、松鼠：裙子里跳出松鼠，裙子盖住松鼠，裙子绑住松鼠，裙子上印着松鼠。

松鼠、裙子：松鼠穿着裙子，松鼠咬破裙子，松鼠抱着裙子，松鼠撕裂裙子。

5 词串联训练

训练目的：熟悉串联记忆的基本方式，为10 词串联打基础。

规则要求：一次性串联记忆，不要复习，直接背诵。

串联示范：电流、躺椅、照片、法律、国旗——电流击中躺椅，燃烧躺椅上的照片，照片划破一本法律书，法律书中夹着国旗。

蜜蜂、自行车、飞机、鲨鱼、人民币——一群蜜蜂骑着自行车撞破飞机，飞机里游出鲨鱼，鲨鱼咬碎了人民币。

10 词串联训练

训练目的：串联记忆入门级别，迈向倒背如流的第一步。

规则要求：用秒表计时，需要在2分钟内完成10个词语串联记忆，做到顺背倒背。

串联示范：

词语：小树、铃儿、凳子、汽车、手套、手枪、锄头、溜冰鞋、猫、棒球。

串联：小树上挂满铃儿，铃儿掉下来砸烂了凳子，凳子腿插到汽车玻璃上，汽车司机戴着手套，握紧手枪，对着锄头开枪，锄头被击穿几个洞，倒下来撞坏了溜冰鞋的轮子，坏溜冰鞋被猫穿着去打棒球。

20 词串联训练

训练目的：串联记忆初级等级，实现后基本可以应对日常学习的词汇记忆。

规则要求：用秒表计时，需要在2～3分钟内完成20个词语串联记忆，做到顺背倒背。

串联示范：

词语：狗、围巾、风车、食杂店、自行车、法律、电脑、气球、司机、银行、犯人、台灯、煤气灶、小偷、白酒、山竹、剪刀、老奶奶、荔枝、篮子。

串联：狗拿围巾绑住风车，用风车甩破食杂店的大门，食杂店老板逃出来骑着自行车载着法律书，法律书掉下来砸到电脑，电脑上挂着气球，气球被司机拿到银行引爆了，银行里跑出一个犯人，抱着台灯，把台灯塞到煤气灶里，煤气灶里爬出一个小偷，偷了一瓶白酒，白酒里泡着山竹，山竹上插着一把剪刀，剪刀被老奶奶拔出来剪荔枝，荔枝装满篮子。

训练提示：

要求一口气串联完，中间不能断开，也不要分成两组10 词去记忆。刚开始如果一次性记完准确率低于80%，可以再放慢速度（甚至是4～5分钟都没关系），先做到100% 正确的记忆效果，然后再慢慢提速。

这里需要注意的是，一开始先追求正确率，可以牺牲一些速度。达到5～10 次20 词串联正确率都是100% 之后，开始追求速度提升，过程中可以适当牺牲正确率，比如加快速度之后，正确率降低到80%～90% 之间，这不是串联出问题，而是不适应速度导致的，等速度稳定之后，正确率会慢慢恢复的。

50 词串联训练

训练说明：计时5分钟。可以成2组或3组（20-20-10）等方式进行记忆。但分组必须是连续进行的。比如分成3组，计时开始后，记完第1组不要复习或者停止计时，而是继续记第2组，然后记第3组，直到3组全部记完，停止计时，开始回忆50个词组。

本组记忆的时间（　　　　　　　）

1	彩虹	2	豆芽	3	出租车	4	女生	5	书包
6	鸭子	7	母鸡	8	海豚	9	小册子	10	糖果
11	象棋	12	太阳	13	照相机	14	茶壶	15	蚊帐
16	医生	17	开关	18	门把手	19	河流	20	渔民
21	沙子	22	海豚	23	茶几	24	拐棍儿	25	鱼杆
26	山竹	27	花园	28	警察	29	盖子	30	直升机
31	饮水机	32	鲨鱼	33	物理书	34	椅子	35	摩托车
36	头发	37	画	38	苹果	39	肥皂	40	鸭子
41	石桥	42	法官	43	小鸟	44	金鱼	45	小路
46	跳棋	47	箩筐	48	油	49	尖塔	50	阴天

本组记忆的时间（　　　　　　　）

1	压力	2	白旗	3	猴子	4	格尺	5	守候
6	国旗	7	盘子	8	袜子	9	榨菜	10	药片
11	金鱼	12	电流	13	奶奶	14	床	15	西瓜
16	苍蝇	17	旗杆	18	大蒜	19	云	20	军令状
21	邮件	22	碰头	23	座位	24	胸针	25	电脑
26	大肚	27	加油站	28	耐心	29	陕西	30	灰烬
31	东岸	32	成材	33	白兔	34	平缓	35	开胃
36	地球	37	手推车	38	油烟机	39	玫瑰	40	金属
41	花生	42	眼泪	43	竖立	44	青蛙	45	心脏
46	美国	47	天性	48	荣誉	49	二胡	50	联合国

本组记忆的时间（　　　　　　　）

1	指甲刀	2	雪糕	3	玻璃杯	4	鸭子	5	土豆
6	狗	7	芝麻	8	椅子	9	帽子	10	天安门
11	西瓜	12	云	13	马	14	棒球	15	飞机
16	电线	17	小鸟	18	上海	19	飞镖	20	长颈鹿
21	青蛙	22	戒指	23	沙滩	24	小草	25	铁丝
26	毛衣	27	彩虹	28	长发	29	蚯蚓	30	钢笔
31	大树	32	饺子	33	蝌蚪	34	翅膀	35	栀子花
36	小食店	37	白糖	38	国旗	39	篮球	40	滑冰鞋
41	人民币	42	蚊香	43	摩托车	44	石头	45	绿光
46	冰箱	47	白纸	48	钢铁	49	发光	50	风

本组记忆的时间（　　　　　　　）

1	饮水机	2	记事本	3	滑冰鞋	4	大海	5	护士
6	帽子	7	茶叶	8	小孩	9	小汽车	10	猪
11	卡片	12	香蕉	13	手表	14	飞碟	15	电流
16	美丽	17	裤子	18	公鸡	19	蚂蚁	20	地毯
21	老师	22	大雁塔	23	黑板	24	衣服	25	课桌
26	苹果	27	运动员	28	铜钱	29	饭锅	30	蝌蚪
31	垃圾桶	32	火把	33	床	34	楼房	35	文件袋
36	榨菜	37	雪花	38	牙膏	39	毛笔	40	唐老鸭
41	吉他	42	冰山	43	荷花	44	电池	45	物理书
46	洗衣机	47	胶水	48	大米	49	闹钟	50	香皂

特别提醒：如果需要更多的词汇训练，可以登录笔者的微信公众号：记忆宫殿微课堂（微信添加jiyigzh），在公众号中可以找到"在线训练软件"，自主进行更多词汇训练。

第六章

超级记忆训练计划（二）

第一节　建立100个地点桩

前面我们已经讲了定位记忆法，而且很详细地讲解了定位记忆的操作。在本章中，我会少讲原理多讲桩子，主要目的是帮助读者扩展桩子。我们会学到地点桩、人体桩、汽车桩、数字桩、文字桩、记忆线等定位记忆技巧。

本章的重点是训练，所以以下讲解的地点，要求读者认真理解和记忆，把这些定位的记忆桩存入你的脑海中，扩展成为你自己的记忆点，这才是本书想传递的价值。

记忆大师一般都要准备2000个以上的桩子，以便应付世界记忆脑力锦标赛中10个项目的记忆挑战。而作为普通记忆训练者，我们最少要掌握100个地点。必须说明的是，本书不只是提供全部100个记忆地点，更重要的是教你如何建立100个地点桩。我们都知道授人以鱼不如授人以渔，所以我要教你如何创建记忆点。

这里采用层级递进的方式，从1个房屋扩展到10个房间，再扩展到100个地点，三层逐级展现，能够保证学习者记完100个记忆点后迅速检索定位每一个点。

首先，建立一个房间平面图。我们暂且给它一个高大上的名字——记忆宫殿平面图。我们为这个宫殿设立10个不同功能的房间，分别是主人房、儿童房、客人房、厨房、浴室、客厅、餐厅、阳台、书房、健身房。根据以上房间的功能，我们规划出宫殿的平面图。

记忆宫殿平面图

确定好平面图之后，我们就要开始寻找具体房间的记忆点。我们可以通过互联网搜索一些房间效果图，或者实际拍摄一些房间，只要符合记忆要求的地点都可以使用。以下是我在网络上随机搜索的一些房间图，为其添加序号及记忆线，仅供读者参考。

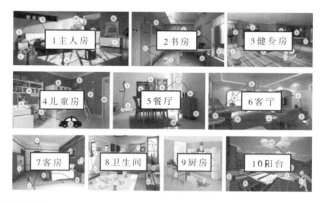

本套地点桩的记忆思路：1个记忆宫殿——10个房间——100个记忆点。

在学习过程中，始终要清晰这个记忆思路，才能够做到精准检索。现在我们逐个房间放大来学习，为了保证能够精准定位，我在每个房间都添加了数字编码，而且数字编码是该房间的第一个记忆点，我们先来学习第一个房间——主人房，选取一张房间效果图。

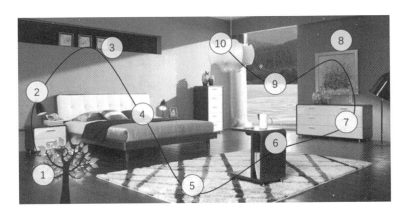

观察这张房间图，细心的读者一定会发现，第1个位置那棵树是添加上去的。

为什么要添加这棵树呢？因为在数字编码中，树代表数字1。把树添加在这个房间中，代表着是1号房间。如果是2号房间，我会在房间中添加2的数字编码——鸭子；3号房间会添加耳朵这个数字编码，以此类推。在房间中添加数字编码的好处，是方便我们在记忆中检索这个房间的序号。

所以，如果我们能在房间中找个空位把数字编码添加进去，作为第一个记忆点，那么你增加的100个房间都能够快速进行定位。

现在，我们需要把这个房间的具体地点名称记录下来。

房间1——树——主人房				
1树	2台灯	3小画	4床	5地毯
6移动台	7柜子	8大画	9大门	10吊灯

按照这个方式，我们继续学习其他房间。

第二个房间是书房，2对应的数字编码是鸭子，我们的记忆图如下：

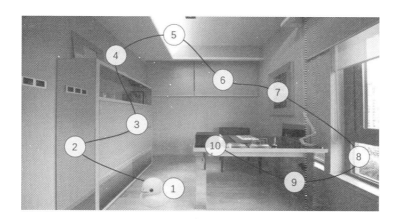

房间2——鸭子——书房				
1小黄鸭	2柜侧板/镜子	3柜子	4柜顶	5天花板/灯
6窗帘	7挂画	8窗户	9桌底/插座	10桌面

需要强调的是，每个记忆点并非是固定某个位置，它周边的位置也是可以作为记忆点使用的。比如这个房间中的第2个位置，柜侧板上是一面镜子，所以两者都可以作为记忆点。第9个位置，桌底靠近插座，所以桌底和插座都可以使用。

第三个房间是健身房，3 对应的数字编码是耳朵，记忆图如下：

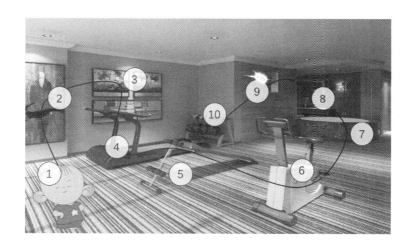

房间3——耳朵——健身房				
1大耳朵图图	2画中人	3相框	4跑步机	5健肌板
6运动单车	7浴缸	8镜子	9窗户	10哑铃

第四个房间是儿童房，4 的编码是汽车，房间记忆图如下：

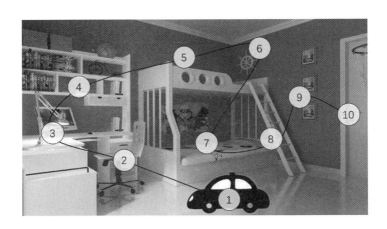

房间4——汽车——儿童房				
1汽车	2转椅	3台灯	4书架	5上铺
6轮船舵	7下铺	8梯子	9壁画	10门

第五个房间是餐厅，5 的数字编码是钩子，房间记忆图如下：

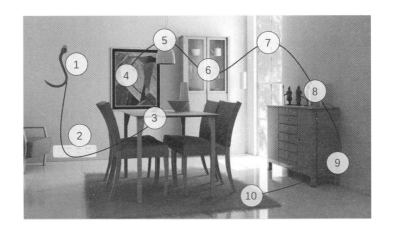

房间5——钩子——餐厅				
1钩子	2落地插座	3饭桌	4画	5吊灯
6餐具柜	7玻璃窗	8武士雕像	9柜角	10地毯

第六个房间是客厅，6 的数字编码是口哨，房间记忆图如下：

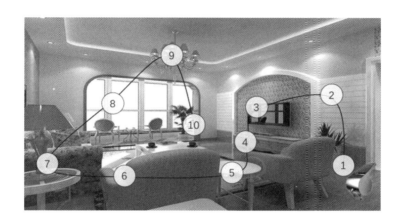

房间6——口哨——客厅				
1口哨	2墙壁	3电视	4矮柜	5圆桌
6沙发	7台灯	8窗户	9吊灯	10植物

第七个房间是客房，7 的数字编码是锄头，房间记忆图如下：

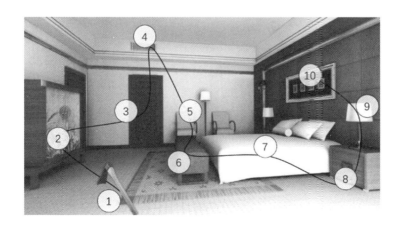

房间7——锄头——客房				
1锄头	2衣柜	3房门	4空调	5椅子
6长沙发	7床	8床头柜	9台灯	10壁画

第八个房间是卫生间，8 的数字编码是葫芦，房间记忆图如下：

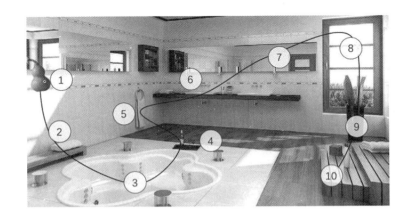

房间8——葫芦——卫生间				
1葫芦	2矮凳	3浴缸	4红酒	5毛巾
6洗手盆	7镜子	8窗户	9植物	10木台

第九个房间是厨房，9 的数字编码是猫，房间记忆图如下：

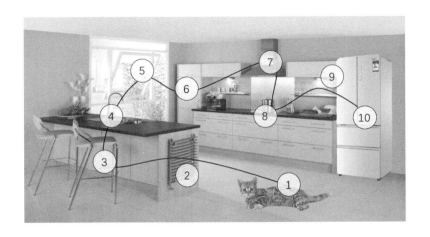

房间9——猫——厨房				
1猫	2铁架	3高脚凳	4水槽	5活动窗
6橱柜	7抽油烟机	8灶台	9射灯	10冰箱

第十个房间是阳台,10 的数字编码是棒球,房间记忆图如下:

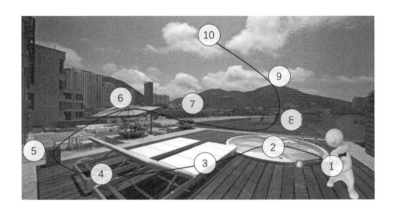

房间10——棒球——阳台				
1棒球人	2泳池	3沙滩床	4铁架	5垃圾桶
6遮雨棚	7植物	8海水	9山峰	10白云

好了,如果你认真地把以上10个房间的100个记忆点都记住,那么现在你脑海中已经建立了一套记忆宫殿记忆图,在日常学习中,这个记忆图可以帮助你快速记忆你所需要记忆的任何信息。

当然,有些读者希望自己能够独立建立一套属于自己的记忆宫殿,你可以参照本书记忆宫殿图的制作方式,建立自己的记忆图。

在此,我们梳理一下操作步骤:

第一步,规划记忆宫殿平面图。你可以根据自己的习惯和喜好,在纸上画出平面图。

第二步,通过网络资源或者现实拍摄,选取10个空间图片,并为它们排序，比如数字编码。或者你选取的空间是你非常熟悉的，而且原本在你脑中就有特定的顺序，此种情况可以不添加数字编码。

第三步，每个空间选取10个记忆点。如果你有操作电脑绘图软件的经验，可以用软件画上顺序和记忆线，或者直接把你选取的记忆点记录在纸上。

通过以上3步，你就可以为自己创造一套或者多套记忆宫殿记忆图。一般情况下，本书中的一套加上自己制作的一套就有200个记忆点了，日常的学习和生活已经够用了。

特别提醒：这些记忆点是需要经常复习的，要达到快速调图的程度，才能够快速应付需要记忆的信息。

地点记忆法是所有记忆大师必备的一种记忆技能，不过许多初学者都反馈寻找地点太麻烦了。这个是事实，毕竟要从生活中寻找大量的记忆点是不容易的。于是记忆高手们就研究出了各种代替地点桩的记忆法，比如人体桩、汽车桩、数字桩、文字桩等，接下来我们就逐一介绍其他的定位记忆法。

第二节　用人体桩记忆星座

人体桩是指将人体进行结构分解，比如把人体分成头、眼、鼻、口、耳、脖、肩、胸、手、肚、臀、腿、脚，然后为每个部位排上顺序，这样就组成了人体定位桩。每个人的人体定位桩都不同，目前有两个常见的版本，一个是把人体分成10个记忆点，一个是把人体分成12个记忆点。

第一种分法：1 头发，2 眼睛，3 鼻子，4 口，5 脖子，6 胸部，7 腰，8 屁股，9 腿，10 脚掌。

第二种分法：1 头发，2 眼睛，3 鼻子，4 口，5 耳朵，6 脖子，7 肩膀，8 手，9 肚子，10 屁股，11 腿，12 脚掌。

学生经常会问我哪种分法好，我觉得，先入为主的最好，我在课堂上教的是12个记忆点的人体桩，因为我会和同学们玩用身体桩记忆12星座的趣味记忆游戏。在本节中，我们也一起来玩12星座的趣味记忆游戏吧，因为课堂游戏是最好的学习方式。

首先，我们要记住身体桩的12个记忆点。我先把每个位置与数字进行关联，帮助大家牢记身体桩，请你一边摸着自己身体相应的位置，一边阅读下面的内容：

1——头发，想象你拔了一根头发，就想到1，1就是头发。

2——眼睛，我们的眼睛有两个眼珠，那么2就是眼睛。

3——鼻子，你可以摸摸鼻子，鼻子像倒着的3，所以3就是鼻子。

4——口，"口"字加两笔就变成"四"字，所以想到4，就想到口。

5——耳朵，耳朵在数字编码中是3，这里容易混淆，我的联想是用手捂着耳朵，"捂"与"五"同音；或者可以是数字"5"下方弯弯的像耳朵。

6——脖子，用手摸摸光溜溜的脖子，"光溜溜"的"溜"和"六"同音，故记住6是脖子。

7——肩膀，想象人立正的时候，右侧肩膀和手臂可以组成"7"字形，所以7 就是肩膀。

8——巴掌，这个最容易记忆了，因为巴掌和"8"同音。

9——肚子，九肚，酒肚，啤酒肚，所以很容易联想9就是肚子。

10——屁股，"10"谐音"实"，联想到屁股很结实。

11——双腿，双腿立正像"11"，我们经常会把走路戏称为"搭11路车"，就是因为双腿像11的形状。

12——脚掌，身体从上到下最后一个位置，不需要刻意去关联，只要记住11是双腿，往下就是脚掌了，所以通过上下关联记住12是脚掌。

相信通过以上的联想，你已经把12个身体桩牢牢记住了，接下来我们就用这套身体桩进行12星座的趣味记忆。

这里按照12星座的起始月份进行排列，分别是：1水瓶座，2双鱼座，3白羊座，4金牛座，5双子座，6巨蟹座，7狮子座，8处女座，9天秤座，10天蝎座，11射手座，12摩羯座。

记忆过程如下：

1—头发—水瓶座。想象头上顶着一个水瓶，一不小心就会打翻，水倒出来淋湿头发。

2—眼睛—双鱼座。眼睛眯起来会有鱼尾纹，所以鱼尾纹就联想到鱼，两只眼睛就联想到两条鱼。

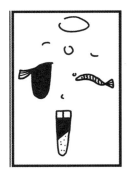

3—鼻子—白羊座。鼻子的功能是嗅闻味道，那我们就想象抓一把白羊的毛，嗅了嗅，闻到羊膻味。如果觉得不够生动，还可以想象抓了一把白色的羊毛，塞到鼻孔里去了。

5—耳朵—双子座。想象耳朵上挂着两只双子吊坠。或者想象一对双胞胎，分别在两边扯住你的耳朵。这样想到耳朵，就会关联到双子了。

4—口—金牛座。想象有一只黄金小牛，你用嘴巴咬一口，试试是否是真金的。我们都知道一个常识，就是纯金是软的，所以要检验金牛是否纯金，用嘴巴咬一口就知道了。所以想到嘴巴咬一口，就想到是金牛座。

6—脖子—巨蟹座。首先把螃蟹想象得和你一样大，一只巨大的螃蟹就在你的身旁，伸出巨钳，一把钳住你的脖子。想到巨蟹钳住脖子，就自然会记住6对应的是巨蟹了。

7—肩膀—狮子座。可以想象肩膀上扛着一头狮子，或者一头狮子咬住你的肩膀。

9—肚子—天秤座。很多人会把"天秤（chèng）"读成"天平"，主要是因为"秤"字中有个"平"字。要把天秤座和肚子联结在一起，可以想象用一杆秤来称自己的肚子，看看有多重。所以肚子就和秤关联到一起了。当然，这杆秤是天上的星座，所以是天秤座。

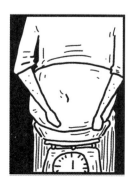

8—手掌—处女座。处女座是一个非常漂亮的姑娘，你想象伸出手掌和这位美丽的姑娘握手，自然就会想起手掌对应的是处女座。

10—屁股—天蝎座。想象一只蝎子蜇了你的屁股，被蜇的那一半肿得像大西瓜，痛死了。蝎子蜇完你就上天去了，所以是天蝎座。

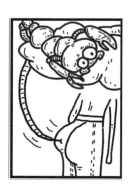

12—脚掌—摩羯座。摩羯是一只羊身鱼尾的怪物，也许你听过美人鱼，但我相信很少有人听过美羊鱼，而摩羯就是一只美羊鱼。当你看到一只摩羯时，赶紧用脚踩扁它，因为这个羊身鱼尾的怪物太可怕了。

11—双腿—射手座。想象一位射手，朝你的双腿射了一堆箭，你的双腿被箭扎得像刺猬一样。

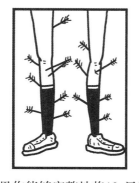

如果你能够完整地将12星座牢记，随便抽问第几个是什么星座，能够对答如流，就说明你已经掌握了人体桩了。掌握人体桩之后，你可以按照这个概念，去创造动物的身体桩，比如小狗、熊猫、老鹰等动物，都可以进行身体桩的处理。当然，并不是所有动物的身体都能找到10个甚至更多记忆点，所以不用纠结一定要找10个记忆点，一般能找到5～8个也不错。好了，赶紧动手创建你的身体桩吧。

第三节　怎样找汽车桩

汽车桩和地点桩、人体桩一样，只不过桩子本身不同而已。下图中的汽车模型选取了车灯、车前挡板、车前盖、雨刷、车前玻璃、车顶、横杠、车轮、车门、后视镜等10个记忆点，而实际上，如果读者能够亲自找一辆汽车来实体选记忆点，最少可以找到30个。

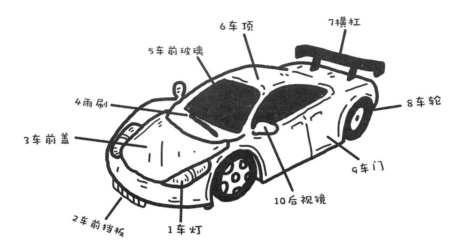

除了汽车之外，自行车、摩托车、坦克、三轮车、航空母舰、公交车、面包车、飞机、轮船等交通工具，均可以找到模型或者网络图片，处理成自己的记忆点。

第四节　文字桩使用方法

文字桩，顾名思义，就是把文字处理成桩子。通常是将已经熟悉的句子，逐字拆分成图像，去记忆新的知识。

比如，我们熟悉的一句古诗"锄禾日当午"，可以拆分成：锄——锄头，禾——禾苗，日——烈日，当——谐音成铃铛，午——"午"字出头变成"牛"。

由于"锄禾日当午"这5个字在我们脑中已经形成固定记忆了，所以就有了5个有顺序的图像，现在假设用这句诗记忆一段历史知识"新文化运动的代表人物有鲁迅、陈独秀、李大钊、蔡元培、胡适等"。

记忆过程是这样的：

锄头——蔡元培，"蔡元培"谐音成"菜园赔"，蔡元培扛着锄头去菜园干活，把别人的菜园锄坏了，要赔钱。

禾苗——陈独秀，田里的禾苗被收割了，剩下一棵，显得一枝独秀。

烈日——胡适，"胡适"谐音成"胡思——胡思乱想"，烈日晒得胡适中暑，头脑不清，胡思乱想。

铃铛——鲁迅，鲁迅先生拿着一个大铃铛，跑进三味书屋玩。

牛——李大钊，"李大钊"谐音"粒大枣"，李大钊拿着一粒大枣，喂一头牛。

体验完文字桩，读者会不会觉得有点混乱？因为诗句本身就是有意义的内容，把句子拆分了再去记忆其他知识，感觉好像是两个不关联的信息很牵强地扯到了一起，还不如直接串联算了。虽然从记忆术的角度，这种方式是可行的，但实际中我个人也很少如此应用，我也访问过一些记忆大师和记忆高手，他们也很少用这种方法。

那是不是说文字桩就没有用？

并非如此，凡事存在皆有合理之处。文字桩的方式，用于名词解释就非常好用。比如记忆成语的含义，举个例子——河东狮吼：比喻妇人凶悍，大吵大闹。我们把"河东狮吼"当作桩子，先想象图像——河东有一只吼叫的狮子；再把此图像与解释进行新的图像记忆——河东吼叫的狮子和一个凶悍的妇人在大吵大闹，狮子还被妇人甩了一耳光。

再看一个例子——缺乏维生素C易得坏血病，身体抵抗力下降。

我们可以处理这样："记忆桩——维生素C"，"记忆内容——坏血病、抵抗力下降"。C我们的字母编码是cat（猫），用猫这个形象去记忆"坏血病，抵抗力下降"，可以联想记忆——皮肤被猫抓坏流血了，就记住了坏血病；猫爪有细菌，细菌进入身体会导致抵抗力下降。这个例子中，维生素C就是文字桩了。

看完这两个例子，是不是对文字桩有新的理解了？其实这种方式用在记忆学科知识上是非常简便有效的。特别是选择题，把标题当作文字桩去串联答案，复习熟练之后，考试时只要看到题目，就能够马上回想起记忆的答案，从而快速选择正确的答案。

除了文字可以当桩子以外，数字、字母等有顺序的信息，均可以当作记忆桩子使用。关于数字桩的应用，我们会在下一章"数字编码训练"中学习到。

第七章

超级记忆训练计划（三）

第一节　数字编码训练的意义

前面我们学习了以下这张数字编码表：

0鸡蛋	1铅笔	2鸭子	3耳朵	4红旗	5钩子	6哨子	7拐杖	8葫芦	9 九命猫
00眼镜	01小树	02铃儿	03零散	04零食	05 领舞者	06羚牛	07令旗	08泥巴	09菱角
10棒球	11筷子	12婴儿	13医生	14钥匙	15鹦鹉	16石榴	17仪器	18腰包	19药酒
20耳环	21鳄鱼	22鸳鸯	23耳塞	24时钟	25二胡	26河流	27耳机	28恶霸	29饿囚
30 三轮车	31鲨鱼	32扇儿	33钻石	34绅士	35珊瑚	36山鹿	37山鸡	38妇女	39香蕉
40司令	41司仪	42柿儿	43石山	44石狮	45师傅	46饲料	47司机	48石板	49石臼
50武林	51工人	52孤儿	53武松	54武士	55火车	56蜗牛	57武器	58王八	59 五角星
60榴莲	61儿童	62驴儿	63硫酸	64螺丝	65尿壶	66 溜溜球	67油漆	68喇叭	69料酒
70麒麟	71 奇异果	72企鹅	73 花旗参	74骑士	75蝴蝶	76气流	77 机器人	78青蛙	79气球
80巴黎	81白蚁	82靶儿	83 芭蕉扇	84巴士	85宝物	86八路	87白旗	88爸爸	89白酒
90酒瓶	91球衣	92球儿	93 救生圈	94教师	95酒壶	96旧炉	97 开酒器	98啤酒	99玫瑰

在训练数字编码的过程中，不仅是学员，连个别记忆训练讲师都曾经质疑过：数字记忆训练有什么用？

在此，我有必要说明数字训练的意义，在当下的社会，我们追求效益，做任何事情都优先考虑价值利益。比如学生，优先考虑的是所学的知识对提升分数有没有帮助，成人考虑的是付出的时间和金钱与所得的回报关系有多大……

这对当下而言，也许是一种正确的方式。毕竟我们不可能把时间浪费在无价值的事物上面。那么，训练数字记忆到底对我们的学习有没有帮助呢，帮助有多大呢？

从表面上看，训练数字记忆，无非就是用来记忆一些与数字相关的信息，比如电话号码、日期、数据等。而这些数据，我们一般都是用记事本或者电脑、手机进行记录的，即使大脑记不住，也不会影响我们的生活、学习和工作。

确实是这样，从表面的应用来说，我个人也是觉得数字记忆没有什么直接的作用。但是从大脑训练的角度，数字记忆是超级记忆的最佳练兵场。

我们知道，定位记忆是在脑中建立有顺序的空间场所，其中建立顺序是最关键的一点，如果没有顺序，我们所记忆的空间很难建立一个有效率的记忆场所。数字天生就有逻辑顺序，而数字编码是有顺序的图像，这些有顺序的图像本身就是一套记忆系统。

我们来看个例子，假如我们要记忆一段话："人体需要的20种氨基酸：甘氨酸、丙氨酸、缬氨酸、亮氨酸、异亮氨酸、苯丙氨酸、脯氨酸、色氨酸、丝氨酸、酪氨酸、半胱氨酸、蛋氨酸、天冬酰胺、谷氨酰胺、苏氨酸、天冬氨酸、谷氨酸、赖氨酸、精氨酸、组氨酸。"记忆这组信息，我们除了可以用串联记忆法，还可以使用数字记忆法。

首先，把20个氨基酸排上序号：1 甘氨酸，2 丙氨酸，3 缬氨酸，4 亮氨酸，5 异亮氨酸，6 苯丙氨酸，7 脯氨酸，8 色氨酸，9 丝氨酸，10 酪氨酸，11 半胱氨酸，12 蛋氨酸，13天冬酰胺，14 谷氨酰胺，15 苏氨酸，16天冬氨酸，17 谷氨酸，18 赖氨酸，19 精氨酸，20组氨酸。

接下来，利用数字编码逐一进行关联记忆。记忆过程描述：

数字	编码	内容	关键字联想	记忆编程
1	树	甘氨酸	"甘"联想"甘蔗"	大树上挂满甘蔗
2	鸭子	丙氨酸	"丙"谐音成"饼"	鸭子吃大饼
3	耳朵	缬氨酸	"缬"同音"鞋"	耳朵上挂着鞋当吊坠
4	红旗	亮氨酸	"亮"联想"诸葛亮"	诸葛亮扛着红旗
5	钩子	异亮氨酸	"异亮"谐音"一辆"	一辆吊着大钩子的车
6	哨子	苯丙氨酸	"苯丙"谐音"笨兵"	教官对着笨兵吹哨
7	锄头	脯氨酸	"脯"联想"果脯"	拿锄头砸果脯
8	葫芦	色氨酸	"色"联想"彩色"	彩色的葫芦生出了葫芦娃
9	猫	丝氨酸	"丝"联想"钢丝"	猫在走钢丝
10	棒球	酪氨酸	"酪"联想"奶酪"	用棒球打飞奶酪
11	筷子	半胱氨酸	"半胱"谐音"半罐"	用筷子吃剩下半罐罐头
12	婴儿	蛋氨酸	"蛋"联想"鸡蛋"	婴儿吃鸡蛋
13	医生	天冬酰胺	"天冬"反过来"冬天" "酰胺"谐音"咸鹌"	医生在冬天吃咸鹌鹑蛋
14	钥匙	谷氨酰胺	"谷氨"谐音"姑暗" "酰胺"谐音"咸鹌"	姑姑暗中把钥匙藏在咸鹌蛋中
15	鹦鹉	苏氨酸	"苏"联想"苏东坡"	苏东坡养了一只鹦鹉
16	石榴	天冬氨酸	"天冬"反过来"冬天"	冬天的石榴，有丰富的氨基酸
17	仪器	谷氨酸	"谷"联想"稻谷"	把稻谷放到仪器中去研究
18	腰包	赖氨酸	"赖"联想"无赖"	一个无赖把腰包抢走了
19	药酒	精氨酸	"精"联想"酒精"	用酒精做的药酒不能喝
20	耳环	组氨酸	"组"谐音"祖"	祖母戴着一对古董耳环

通过以上描述的方式，利用数字和知识关联记忆，可以记住知识以及知识的先后顺序，这就是数字编码的另外一个作用。

事实上，数字编码的作用远不止如此。大部分记忆训练者都会把数字记忆的训练成绩作为记忆力水平的评估标准，特别是世界脑力锦标赛，几乎70%的记忆项目都可以用数字编码来解决。也就是说，如果训练好数字记忆系统，70%的世界脑力比赛项目你都可以去挑战了。

接下来，我们来详细学习如何训练好数字记忆。前文讲过，我们要掌握训练流程，才能快速有效地训练出结果。

数字记忆训练的流程包含3个方面。

第一，熟悉数字编码。熟悉数字编码，常用的方法就是数字读图。

第二，桩子的积累。按照每4个数字记1桩的规则，如果你要速记100个数字，必须准备25个地点桩。而习练记忆术的训练者一般都需要准备500~1000个地点桩。

第三，数字速记训练。一般是把数字的图像与桩子联结，形成定位记忆，对于20~40位随机数字，有时也会直接用串联记忆。

第二节　数字读图训练

特别提醒：在开始读图训练之前，请你先熟悉数字编码。可能需要花2~3小时去做到脱稿，就是不用看数字编码表，随便提问某个数字，你能想起是什么图像。如果暂时做不到这个程度，请你直接跳过读图训练，先学其他内容。因为读图训练是建立在已经熟悉数字编码的基础上的。如果你已经熟悉数字编码了，那就开始训练读图吧。

有些朋友把读图理解为朗读数字编码图，其实数字读图是心读口不读。

现在我把数字读图的过程拆分讲解，以便读者更准确地进行训练。

举例：

看到数字11，通过数字编码的"音形义"法则，会联想起"11"的形状像"筷子"，所以看到"11"就想到"筷子"；

看到数字13，通过数字编码的"音形义"法则，会联想起"13"的谐音"医生"；

看到数字51，通过数字编码的"音形义"法则，会联想起"51"的意义"五一劳动节"，从而联想到"工人"的形象。

总而言之，当你看到数字时，回想起编码表中数字对应的图像，这个过程就叫作"读图"。

我把读图分为两个主要阶段，第一个阶段是"心读"。心读数字，比如你看到"57"这个数字，心里自然会默念"57—wu qi—武器"，从而得到"武器"这个编码形象。这个过程是读图的初级阶段，因为通过视觉的信息，需要在心里形成听觉信息，最后进入意义理解，再传递到右脑调动图像，尽管心读的过程比朗读要快许多，但相对于直接调用右脑图像而言，还是相差甚远。

第二个阶段是"脑读"，就是"眼脑直映"，从视觉直接进入右脑图像处理，没有中间的听觉、左脑理解部分，几乎是看到数字就想到图像，这样的出图过程才是最快的。

如何练才能达到脑读的境界呢？其实非常简单，首先你必须从大脑中找出你生活中脑读的感觉。由于每个人的感觉都不同，所以在这里我需要帮助你找到这种脑读感。

我记得上学时，每次发作业本，老师把全班的作业本往讲台上一丢就走了，同学们蜂拥而上去找自己的本子。因为在本子封面上写着自己的名字，所以我们只要把本子在讲台上摊开，用眼睛快速扫描所有本子上面的名字，一旦瞄到自己的名字，就迅速抓出来。

这个过程中，我们每个人都在看本子上的名字，但并不需要读出声音，一扫就知道是不是自己的名字，这个过程就是一种脑读。如果你能找到这种感觉，请你把它代入到数字读图中，你需要锻炼到这种程度：看到数字就像见到自己的名字一般熟悉，不用发出声音（不论是口读还是心读）就能马上反应出是什么图像。

现在，我们开始读图的练习。

请准备好秒表计时器，然后开始心读以下数字。共20个数字，读数时记录时间，遇到想不起图像的数字先跳过，最后记录下能出图的数量。

14159265897932384626（用时：　　　　　）

按照数字编码来算，20个数字就是10个图，对于初学者，要求10个图的读图时间控制在20秒左右。如果10个图全部能够读出，并且在20秒内，那么说明读图基本达标。

接下来，我们就说说读图训练的级别。

级别	读图数量	读图时间	平均时间
入门	20数（10图）	20～30秒	2～3秒/图
初级	40数（20图）	20～40秒	1～2秒/图
中级	200数（100图）	100～150秒	1～1.5秒/图
高级	200数（100图）	60～100秒	0.6～1秒/图
高手	1000数（500图）	250秒以内	0.5秒/图

第三节　数字记忆训练：串联和定桩

数字记忆中，我们通常用串联和定桩两种记忆方法。

串联法一般用于记忆少量的数字，比如40位以内的随机数字，用串联比较便捷，而一旦数字超过40位，串联虽然可以完成，但是从大脑的负荷来说，定桩记忆就显得更轻松了。

接下来，我们分别举例20个数字的串联记忆和40个数字的定桩记忆。

20 数记忆训练

记忆——圆周率前20位（1~20）：14 15 92 65 35 89 79 32 38 46

这些数字的编码分别是：14—钥匙，15—鹦鹉，92—球儿，65—尿壶，35—珊瑚，89—白酒，79—气球，32—扇儿，38—妇女，46—饲料。

串联记忆过程：钥匙插在鹦鹉身上，鹦鹉抓起球儿，球儿砸破尿壶，尿壶倒出珊瑚，珊瑚泡成白酒，白酒灌进气球，气球挂着扇儿，扇儿插在妇女的头发上，妇女大口大口吃饲料。

特别提醒：以上串联的过程中，务必启动右脑图像想象，才能牢牢记住。一旦记住串联的画面，你就可以实现顺背倒背了。

我们再记20位圆周率（21~40）：26 43 38 32 79 50 28 84 19 71。

对应的数字编码是：26—河流，43—石山，38—妇女，32—扇儿，79—气球，50—武林，28—恶霸，84—巴士，19—药酒，71—奇异果。

串联记忆过程：河流里有一座石山，石山上站着一位妇女，妇女拿着扇儿，扇儿扇动气球撞向武林高手，武林高手把恶霸踢飞撞到巴士上，巴士里装满药酒，药酒里泡着奇异果。

通过以上两个串联的例子，我相信你一定发现了，只要熟悉数字编码和串联记忆法，你就可以轻松地把20个数字串联成有趣的故事，从而做到顺背倒背。

还有一个有趣的地方，我们可以把上面两个故事的首尾连接起来。第一组的最后一个是46（饲料），第二组的开头是26（河流），那么，把第一组的"妇女大口大口吃饲料"和"河流"连起来，变成"妇女把饲料倒进河流"，就把两个串联故事成功地连接在一起了。这样你就记住了圆周率前40 位。换个角度而言，也可以说你一次性串联记忆了40 位数字（20个编码图）。相信你已经学会20个数字记忆的方法了，现在我随机给出20个数字，你自己来完成串联记忆吧。

练习：65 89 12 54 38 42 90 03 22 72

（1）请先写出编码（如果忘记编码，可以看一看前文的编码表）：

65—（ 尿壶 ） 89—（ 　　　 ） 12—（ 　　　 ）

54—（ 　　　 ） 38—（ 　　　 ）

42—（ 　　　 ） 90—（ 　　　 ）

03—（ 　　　 ） 22—（ 　　　 ）

72—（ 　　　 ）

（2）请写出串联过程：

（3）请默写所记忆的20个数字：

如果你已经能独立完成一组20个数字记忆了，那么说明你已经掌握了数字记忆的方法；如果还不行，请返回上文，把圆周率前40 位的记忆方式重新研究一遍。

40 数记忆训练

现在，我们讲讲如何用定桩法记忆数字。

假设要记忆圆周率第41~80位（40个数字）——69 39 93 75 10 58 20 97 49 44 59 23 07 81 64 06 28 62 08 99。

用定桩法记忆的步骤如下：

第一，准备一套地点桩（10个），这里我们直接使用记忆宫殿100记忆点的第一个房间——主人房，如下图：

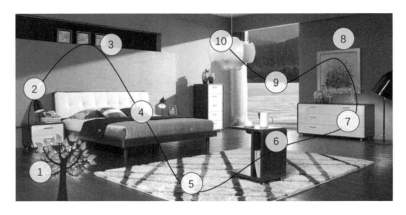

记忆点：

1—树，2—台灯，3—小画，4—床，5—地毯，

6—移动台，7—柜子，8—大画，9—大门，10—吊灯。

快速记牢这个房间的方法是"先整体，后局部"，先整体观察这个房间的内容，可以分成床、地毯、大门三个区域。床包括树、台灯、三个小壁画、床等4个记忆点；地毯包括地毯、移动台2个记忆点；大门包括柜子、大壁画、大门、吊灯等4个记忆点。

整体记住后，再逐个去观察，这里就不详细讲解每个记忆点了，因为名称和图片都有，读者可以放慢阅读节奏，仔细观察上图的记忆点和名称，大约2分钟时间即可记牢。

第二，一边数字读图，一边和记忆点产生联系。比较合理的方式是4个数字（2个编码）放在1个记忆点，相当于是2个编码图和1个地点，一共3个图像进行联结。

　　其实，整个记忆过程是在大脑中操作的，这里为了向读者呈现出大脑的操作过程，我把记忆的过程罗列出来。首先是在脑海中形成一种意识，就是每个桩子要存放4个数字，同时要把这些数字的编码回想出来。为了照顾对数字编码还不熟悉的读者，我把数字的编码也罗列出来。

　　69料酒、39香蕉、93救生圈、75蝴蝶、10棒球、58王八、20耳环、97酒器（古代的酒器）、49石臼、44石狮、59五角星、23和尚、07令旗、81白蚁、64螺丝、06领路牌、28恶霸、62牛儿、08泥巴、99舅舅。

　　现在，我们要在脑海中想象，把数字编码存放到记忆点上，记忆的联结过程如下：

　　1—树—69 39—料酒、香蕉——料酒泡着香蕉，挂在树上；

　　2—台灯—93 75—救生圈、蝴蝶——台灯下挂着救生圈，灯光太热引爆救生圈，飞出许多蝴蝶；

　　3—小画—10 58—棒球、王八——一根棒球棍敲打爬在小画上的王八；

　　4—床—20 97—耳环、酒器（古代的酒器）——挂满耳环的酒器，里面的酒倒洒在床上；

　　5—地毯—49 44—石臼、石狮——地毯上一个巨大的石臼扣住一只石狮；

　　6—移动台—59 23—五角星、和尚——头顶贴着五角星的和尚坐在移动台上；

　　7—柜子—07 81—令旗、白蚁——柜子里装满令旗，令旗上爬满白蚁；

　　8—大画—64 06—螺丝、领路牌——螺丝把领路牌钉在大画上；

9—大门—28 62—恶霸、牛儿——恶霸骑着牛儿冲进大门；

10—吊灯—08 99—泥巴、舅舅——超黏的泥巴把舅舅粘在吊灯上。

如果你认真地把以上的记忆过程联想出具体的画面，那么你一定已经把这40个数字的编码记住了，当然，通过数字编码，你也能够把数字说出来了。

我们来回忆一下定桩记忆数字的步骤：第一先准备地点桩，第二把数字的编码两两与地点联结。过程虽然感觉有点复杂，但其实步骤就这两个。想要做到快速记忆数字，地点桩和数字编码必须非常熟练才行。

串联与定桩的总结

在上文数字记忆的串联和定桩练习中，我们已经把圆周率的前80位记下来了。

14 15 92 65 35 89 79 32 38 46 26 43 38 32 79 50 28 84 19 71

69 39 93 75 10 58 20 97 49 44 59 23 07 81 64 06 28 62 08 99

我们回顾一下，前面40位是用两组串联的方式记下来的，后面40位是用一组定桩记下来的。相信大部分训练者都会觉得，串联好像比定桩简单快捷好多。我们知道，串联和定桩两种记忆法属于记忆术当中的两大主要方法，各有其优势和劣势。串联记忆的优势就是简单快捷，劣势是数量多的时候串联会变得辛苦，而且不能很精准地定位，一旦中间有断连，后面的就想不起来了。串联适合小组的信息，比如20或30个以内的，基本上2分钟就搞定了。相反，定桩记忆的优势是记忆大量信息，而且不用担心个别断连，因为所有的信息都被切分成碎片，然后逐个与桩子联结。定桩的劣势很明显，就是需要建立大量的记忆点，记忆点多了之后管理就会比较麻烦。

新手往往喜欢使用串联记忆，因为易学易用，编个故事就能做到顺背倒背几十个随机信息。而真正的记忆高手却喜欢用定桩记忆，因为通过一段时间的努力，他们已经记住了大量的记忆点，记忆信息时不需要编很长的故事，只把要记的信息逐个扔到桩子上简单联结一下就搞定了。达到这种境界时，记忆几乎是不费力的，而串联却需要编好长的联结过程，在高手的眼中，串联反而是一件费力的事情。

数字记忆训练是锻炼记忆力的一项最便捷的训练。因为数字比文字抽象，所以在记忆过程中，需要不断回想数字的图像，这个过程可以很好地锻炼抽象和形象的思维切换，换句话说，在训练数字记忆时，左右脑可以得到比较好的平衡训练。虽然练数字记忆和日常记忆文字关系不大，但它是一项不错的练脑项目。还有，数字记忆一旦练好了，还可以挑战世界记忆比赛，说不定还能冲到世界记忆大师的水平。

第八章

超级记忆训练计划（四）

第一节　图像转化训练的意义

前面已经学习过图像转化的知识，在本节中，我们将对三种转化方法进行详细的训练。

图像转化的三种方法

图像转化是确保有效使用记忆术的关键，因为文字信息转化成什么样的图像，不仅影响记忆的难易程度，还影响最后的应用。

比如我们要记忆生物学科中的知识："细胞的基本结构：细胞壁、细胞质、细胞膜、细胞核。"

接下来，采用两种转化方案，读者可以评估一下哪种方案更适合记忆。

方案一：

提取关键字：壁、质、膜、核。

转化：壁—墙壁，质—谐音"纸"，膜—面膜，核—核桃。

串联记忆：墙壁上挂着一张纸，纸上贴着面膜，面膜是浸过核桃汁的

（或者面膜扯下来包住核桃）。

方案二：

同样的关键字：壁、质、膜、核。

不同的转化：借用鸡蛋的结构，壁—相当于鸡蛋壳，膜—鸡蛋壳内壁的一层膜，质—鸡蛋的蛋清（细胞质本身就是液态的，和蛋清很相似），核—蛋黄，即鸡蛋的内核。

记忆过程：想象平时吃鸡蛋，外壳叫作壁，轻轻敲开外壳会看到一层膜，膜包裹着蛋清（就是质），蛋清里有一颗蛋黄（鸡蛋的内核）。

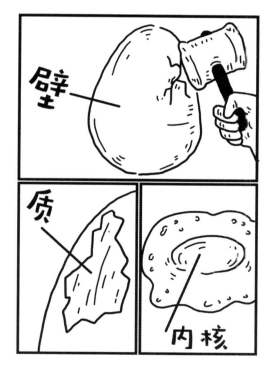

对比以上两种方案，相信读者会感受到由于不同的转化方式，得到不一样的记忆过程。下面我来分析两种方案的优势和劣势。

方案一的优点是不需要考虑知识本身的意义，比如"壁"字，直接想到墙壁。方案二则需要借用和细胞结构很相似的鸡蛋结构，这种相似结构不是所有知识都马上能联想到，所以方案二的转化方式，是结合意义去寻找可关联的图像，有一点难度，但相比方案一的直接由字联想图像，方案二是比较快捷的。

方案一的记忆结果往往是和知识原意无关的图像或者故事，有些读者会觉得多了一个不相干的过程，虽然可以记住文字内容，但是没有记住原意，有点"乱套"的感觉。方案二虽然也是多了新的图像和记忆过程，但是借用的鸡蛋结构是和原意相符合的，图像和意义都有关联，更容易接受。

那对比的结果，是不是说不能用方案一，只能用方案二？

肯定不是。对于精通记忆术的记忆高手而言，方案一是把理解和记忆分开，互不干涉，理解的时候就好好理解，记忆的时候就快速记忆，不拘泥于是不是"乱套"，只要能记住文字就是好办法。方案二则是理解和记忆相结合，有种追求"记忆艺术"的感觉，为了让图像符合意义，要经过一些推敲和选择，才能创造出比较满意的记忆结果。

如果目的是快速记忆，那么方案一是最好的选择，特别是在脑力竞技中，记忆高手们比拼的是速度，所以他们往往会牺牲理解度，记住文字信息再说，理解的方面，回头可以像牛吃草倒嚼一样慢慢回味。相反，如果目的是为了理解知识并能记住、应用，那么最好是选择方案二。

因此，在面对一般学科的知识时，我们建议先尝试用方案二，即理解和记忆相结合的方式。除非时间比较紧急，比如临考试前突然发现一个知识点还没记住，而且很大可能考试会考，那么此时你需要的是记住文字，而不是理解，这时方案一的快速转化和串联记忆就显得非常有用了。

弄明白图像转化对记忆的影响之后，我们就要开始进行转化训练了。接下来我们分别对谐音、象形、意象三种转化技巧进行巩固训练。

第二节 谐音巩固训练

谐音法是在发音相近的字之间，寻找有形象的字来做图像。比如"谐"字是一个抽象字，我们通过相同发音找到"斜""鞋""邪""协"……而其中有直观形象的是"鞋"，所以我们可以用鞋子的形象来关联"谐"字。

有时候同音根本找不到形象字，或是没有查字典很难想到同音字，这时可以从不同的声调上找，如"乎"字，可以从hu的四个声调"呼""胡""虎""户"去找形象，这样就有多个选择了。

如果这样还不能能找出形象来，那么还可以变声，如声母在方言中常因舌头变化不一样，产生混合的发音，如"人—银"或"你—里"等，这类词都是因为方言发音不同的关系。

最后还有一种方法，也是词组谐音常用的方法，即变义，就是加一个字或是少一个字，甚至可以扭曲本来的意思，组成新的词来强化自己的印象，从而达到记忆的效果。比如"法律"加一个字组成"法律书"，"藿香正气水"减一个字变成"藿香汽水"，"抽象"扭曲成"抽打大象"等。

相信通过以上的讲解，你会觉得谐音是一项很有幽默感的记忆训练。为了更好地帮助读者掌握谐音的几个技巧，这里我们根据记忆宫殿的林约韩老师对谐音技巧的总结，列出下表。

技巧	回忆难度	特点	作用	例子	训练
同音	易	音调相同	借相同音调想起记忆内容	步、不、部	共有1600多个
变调	易	音相同，调不同	借同音不同调想起记忆内容	呼、胡、虎、户	共有398个
变声	一般	方言发音接近，易混音的声韵	借近似音调进行记忆	能—棱 人—银 苦—鼓	一般的韵母前后鼻音，一般的声母，N与L与R，K与G与H，B与P与F，J与Q与X，Zh、Z、Ch、C、Sh、S 等
变义	较难	在原有的内容上扭曲、增加、减少，找到加深印象的内容画面	借着内容画面或是有趣的信息，勾起对记忆内容的回忆	"飞"想到飞机，"删除"想到山，"可爱"想到可怜没人爱	发散性训练

1.音调训练（包括了同音与变调，398个音节）:每个发音最少2个以上联想。

拼音	谐音	拼音	谐音	拼音	谐音
a	阿凡提、阿姨	cun		ding	
ai	挨、矮、艾、爱	cuo		diu	
an	鞍、安、暗、庵			dong	
ang	肮、昂、盎	cha		dou	
ao	凹、熬、袄、傲	chai		du	
		chan		duan	
ba	疤、靶、粑、爸	chang		dui	
bai		chao		dun	

拼音	谐音	拼音	谐音	拼音	谐音
ban		che		duo	
bang		chen			
bao		cheng		e	
bei		chi		ei	
ben		chong		en	
beng		chou		eng	
bi		chu		er	
bian		chua			
biao		chuai		fa	
bie		chuan		fan	
bin		chuang		fang	
bing		chui		fei	
bo		chun		fen	
bu		chuo		feng	
				fo	
ca		da		fou	
cai		dai		fu	
can		dan			
cang		dang		ga	
cao		dao		gai	
ce		de		gan	
cen		dei		gang	
ceng		den		gao	
ci		deng		ge	
cong		di		gei	

拼音	谐音	拼音	谐音	拼音	谐音
cou		dia		gen	
cu		dian		geng	
cuan		diao		gong	
cui		die		gou	
gu		jin		li	
gua		jing		lia	
guai		jiong		lian	
guan		jiu		liang	
guang		ju		liao	
gui		juan		lie	
gun		jue		lin	
guo		jun		ling	
				liu	
ha		ka		lo	
hai		kai		long	
han		kao		lou	
hang		kan		lu	
hao		kang		luan	
he		ke		lun	
hei		kei		luo	
hen		ken		lü	
heng		keng		lüe	
hong		kong			
hou		kou		m	
hu		ku		ma	

拼音	谐音	拼音	谐音	拼音	谐音
hua		kua		mai	
huai		kuai		mao	
huan		kuan		man	
huang		kuang		mang	
hui		kui		me	
hun		kun		mei	
huo		kuo		men	
hng				meng	
hm		la		mi	
		lai		miao	
ji		lan		mian	
jia		lang		mie	
jian		lao		min	
jiang		le		ming	
jiao		lei		miu	
jie		leng		ro	
mou		pan		rong	
mu		pang		rou	
		pei		ru	
n		pen		ruan	
na		peng		rui	
nai		pi		run	
nao		piao		ruo	
nan		pian			
nang		pie		sa	

拼音	谐音	拼音	谐音	拼音	谐音
ne		pin		sai	
nei		ping		san	
nen		po		sang	
neng		pou		sao	
ni		pu		se	
				sen	
nian		qi		seng	
niang		qia		si	
niao		qiao		song	
nie		qian		sou	
nin		qiang		su	
ning		qie		suan	
niu		qin		sui	
nou		qing		sun	
nong		qiong		suo	
nu		qiu			
nuan		qu		sha	
nuo		quan		shai	
nü		que		shan	
nü e		qun		shang	
				shao	
		ran		she	
o		rang		shei	
ou		rao		shen	
		re		sheng	

拼音	谐音	拼音	谐音	拼音	谐音
pa		ren		shi	
pai		reng		shou	
pao		ri		shu	
shua		xi		zei	
shuai		xia		zen	
shuan		xian		zeng	
shuang		xiang		zi	
shui		xiao		zong	
shun		xie		zou	
shuo		xin		zu	
		xing		zuan	
ta		xiong		zui	
tai		xiu		zun	
tan		xu		zuo	
tang		xuan			
tao		xue		zha	
te		xun		zhai	
teng				zhan	
ti		ya		zhang	
tian		yan		zhao	
tiao		yang		zhe	
tie		yao		zhei	
ting		ye		zhen	
tong		yi		zheng	
tou		yin		zhi	

拼音	谐音	拼音	谐音	拼音	谐音
tu		ying		zhong	
tuan		yo		zhou	
tui		yong		zhu	
tun		you		zhua	
tuo		yu		zhuai	
		yuan		zhuan	
wa		yue		zhuang	
wai		yun		zhui	
wan				zhun	
wang		za		zhuo	
wei		zai			
wen		zan			
weng		zang			
wo		zao			
wu		ze			

2.变声训练：根据表格中的示范，进行变声字训练。

N与L与R组训练

音	字	音	字
na	拿（na） 辣（la）	niao	
nai	奶（nai） 赖（lai）	nie	
nao	脑（nao） 老（lao） 扰（rao）	nin	
nan		ning	
nang		niu	
ne		nou	

音	字	音	字
nei		neng	
nen		nu	
neng		nuan	
ni		nuo	
		nü	
nian		nüe	
niang			

K与G与H组训练

音	字	音	字
ka	卡（ka）　嘎（ga）　蛤（ha）	kou	
kai	开（kai）　该（gai）　海（hai）	ku	
kao	烤（kao）　搞（gao）　耗（hao）	kua	
kan		kuai	
kang		kuan	
ke		kuang	
kei		kui	
ken		kun	
keng		kuo	
kong			

B与P与F组训练

音	字	音	字
ba	爸（ba）　帕（pa）　发（fa）	bi	
bai		bian	
ban		biao	

音	字	音	字
bang		bie	
bao		bin	
bei		bing	
ben		bo	
beng		bu	

J与Q与X组训练

音	字	音	字
qi	旗（qi）　鸡（ji）　西（xi）	qing	
qia		qiong	
qiao		qiu	
qian		qu	
qiang		quan	
qie		que	
qin		qun	

3.变义训练

词语	谐音	词语	谐音
一心二用	一星儿用，一颗星被儿子拿去用	月份	
可能	可乐能喝	苛刻	
基础	鸡楚，公鸡楚楚动人	肆意	
愚蠢	鱼唇，鱼的嘴唇	风吹草动	
历史		一如既往	
浪费		骄傲	
内部		经过	
成功		需要	

词语	谐音	词语	谐音
利益		言而有信	
丰收		荣获	
感情		卫冕	
非常		超级	
政治		增大	
趋势		悬空	
理智		苦功	
光明		劲旅	
亲情		雄辩	
健康		平价	
勤劳		逼视	
礼貌		预见	
一劳永逸		二手	
暴露		遨游	
防暑		驻京	
干练		取决	
正当		县域	
死硬		原配	
耗费		丰盈	
苯酚		出名	
勘误		脑筋	
一脸		真凶	
夺走		爱怜	
阴暗			
奔丧		地表	

词语	谐音	词语	谐音
无事			
预想		逐年	
艳遇		致辞	
大好		坦承	
下场		致病	
参看		划出	
艰险		附近	
厚意		陷入	
民生		马扎	
顺便		煮熟	
不外		联姻	
救急		残疾	
朝鲜		奉祀	
起源		不忙	
万隆		形码	
草创		至上	
切忌		支援	
成群		骁勇	
魂灵		通体	
下工		受凉	

第三节　象形巩固训练

从唯物主义的哲学角度讲，是先有物质再有意识，人类的思考从看见的、摸到的物质开始，也就是从形象思考开始的。有了形象之后才有抽象，抽象的概念大多是从众多形象的事物中抽离归纳出来的。因此在象形训练中，要求我们本身对事物原形的积累有足够的量，否则很难展开想象。举个简单的例子，一个山村里的人，从未见过足球，那么你和他说看到一个西瓜像足球那么大，他虽然知道西瓜是什么，但并不知道你说的西瓜有多大，因为他不知道足球是什么。

我们把象形转化技巧的训练分成原形、借形、造形三种。其中原形的训练是通过生活中的日常观察而得，原形训练很简单，比如说到苹果，就在脑海中仔细想一个苹果，不仅是想苹果的样子和颜色，还要想象到味道、大小、口感等细节；比如提起猴子，过去你也许只是想到棕色的毛、瘦瘦小小的、在树林中灵活地跳来跳去的一只小动物的感觉，做原形训练时，需要观察想象中的猴子毛发的方向、脸部表情、肢体动作、尾巴的摇摆方向等。

总而言之，原形训练就是锻炼我们的细微观察能力。也许平时你不会觉得有什么用处，但是长时间的练习形成习惯后，你会发现想象力更丰富，观察力变得更加敏锐。

在本节训练中，我们主要练借形和造形。

1.借形训练

借形是为需要转化的文字找到相近写法而且有形象的字，比如"借"和"猎"很像，"借"是状态词，而"猎"可以想到猎犬、猎豹等形象。比如"描"可以借"猫"字作为形象，"良"借"狼"字作为形象等。

借形主要是通过偏旁部首来完成，接下来请读者完成以下借形练习：

尽、劲、荆、兢、睛、晶、京、惊、精、粳、经、井、警、前、潜、遣、浅、市、恃、视、试、收、野、冶、也、页、掖、业、叶、独、读、堵、约、垂、过、要、形、习、为、转、唯、成、提、练。

2.造形训练

造形是通过将文字拆分而找到图像的方法。比如我们将"造"字拆成"辶、牛、口",形成图像画面:"牛一口咬掉了自己的尾巴,走了。"

在利玛窦的《西国记法》中,有一个例子是将"要"拆成"西、女",形成"西方女子"的图像。

接下来,请读者完成以下汉字的造形训练:丁、顶、鼎、定、丢、东、冬、懂、动、栋、侗、兜、斗、逗、都、督、毒、赌、杜、镀、肚、度、妒、端、锻、断、堆、兑、墩、吨、顿、囤、遁、掇、哆、夺、垛、舵、惰、蛾、额、恶、扼、遏、革、宦、戒、藉、巾、筋、斤。

第四节　意象巩固训练

通过意义联想图像和文学中的意境很相似,但要比意境随意一些。比如"快乐"的意象可以是"笑脸""开心的小孩",而意境中笑脸可以是微笑的。意象不会太在意这个画面和原意是否完全符合,只要能让在自己回忆的时候准确地想到原文即可。

下面我先示范几组意象练习:

放松——想象人放松自己的皮带,觉得整个人很放松。

轻松——想象一个身材瘦小的人被风吹起来,轻飘飘的,走起路来很轻松。

瞒天过海——想象海上有块木板,人躲在木板下面,瞒住了天,游泳过海。

小桥流水人家——一座小桥下哗啦啦地流水，流入一户人家的院子里。

通过以上几个意象例子，我们大致可以总结意象的方法：根据词语、句子的意思，想象现实中的一个场景，把内容和场景融合在一起。意象中比较有难度的就是近义词的意象，比如快乐、开心、放松、轻松等，这就要求读者对词义有一定的理解。

接下来，请读者完成以下练习：围魏救赵、趁火打劫、欲擒故纵、声东击西、顺手牵羊、白手起家、壁垒森严、以逸待劳、李代桃僵、美丽、漂亮、广阔、宽阔、迅速、快速、愤怒、生气、精华、实惠、提升、提高、标准、格式、隔江犹唱后庭花、未来在你的手中、大江东去浪淘尽、一切帝国主义都是纸老虎、借问酒家何处有。

第五节　如何衡量图像转化能力

本章的转化训练中，明显谐音的篇幅是最大的。主要是因为记忆母语知识，最便捷的方式便是谐音了。如果你能够完整地练习一遍谐音训练中的音节训练，那么你的谐音能力自然会有一个质的提升，以后不论什么词语信息，你都能够很快地通过谐音找到有趣的图像。

象形是一种辅助技巧，汉字本身是象形文字，所以象形对于单个汉字的记忆是有效的，但是对于词语和句子，象形就帮不上太大的忙了。

意象主要解决句子和容易出形象的词语、成语的出图。在文学知识的记忆中，特别是古诗文和记叙文，我比较喜欢用意象去出图，因为这些文体的内容本身都有很丰富的形象，我们不需要去谐音、象形拆字等。

图像转化的能力要达到何种程度才算合格呢?

暂时没有特定的标准，不过按照我个人的经验，有3个指标可以作为参照，检验你的图像转化能力是否合格。

第一个指标：转化速度。

不论是词语还是句子（一般是简单句），能够在10～20秒内通过谐音、象形、意象等任意方法获得一个形象。我观察过一些记忆高手，一般的抽象词语在3～5秒内就能找到形象，

对于简单句不超过15秒。所以如果你在20秒内还找不出信息的形象，那么就说明有点慢了，当然不排除有一些特别难处理的信息。总之平均90% 的词语、句子要在20秒内找出一个形象图，才算合格。

第二个指标：转化数量。

比如"简单"这个词，如果只是通过谐音想到"煎蛋"一个形象，那么只能说明达标了。但是如果能够在几秒内，连续想到谐音"煎蛋、剪传单、捡蛋"等多个形象，说明转化能力比较强。

再如"欲擒故纵"，通过意象我想到"诸葛亮七擒孟获，欲擒拿，故意放纵归去"的画面，同时通过谐音想到"玉琴古钟""淤青骨肿"等画面。

虽然在应用中不需要那么多个记忆图，但是如果你在看到信息的短短十几秒内能够快速联想到不同的形象，那么说明你的想象力和创造力是非常不错的。

第三个指标：转化效率。

不管是新手还是记忆高手，没有人能够保证每一次的转化，都能够准确地帮助他记住原文。我在记忆的过程中也难免遇到一些信息，记住图像后回

想不到原文或者出现错漏，这是很正常的事情。

但是这个出错也要有个度，如果十有八九都是正确的，偶尔一两次错误，或者在记忆大量的信息时，遗漏5%～10%都是允许的，稍微复习就可以巩固了。但是如果出错率或者遗漏率在30%～50%，就说明转化能力有问题，需要检查是不是技巧应用不熟练，或者操作出错了。

以上3个指标——转化速度、转化数量、转化效率，供训练者参考，以便检验自己的图像转化能力是否合格。

这里需要补充一点，你需要做记忆转化的信息，必须是你完全理解的内容，比如"检验""借刀杀人""江村夜归人"这些信息，我们一读就知道是什么意思。

有一些比较陌生的信息，例如刑法学中的"溯及力"，很多读者都不知道是什么意思，这种不理解的信息，转化起来是有点难度的。虽然记忆术能够做到不知道是什么意思，就能用技巧记住，但是对于不理解的信息，即使记住也会很快就遗忘了，因为它在你的大脑中找不到可以关联的知识，像个流浪汉在大脑中漂泊，时间一长自然就被列入无用信息，打入遗忘区。除非你记住后赶紧去查阅相关知识，让这个信息在大脑中找到一个归宿。

最后，转化能力是快速记忆的关键能力，甚至可以归为快速记忆的内功之列，因为你运用快速记忆的质量好坏，很大程度取决于转化出来的图像，希望本书的读者能够重视这项能力。

第九章

超级记忆法实战示例

笔者在近几年的记忆培训教学期间，从自己的实战应用，到教学辅导，积累了不少专业学科的记忆案例，除了需求较大的中小学知识的记忆案例，还有成年人职业考试的学科，如建造师、心理咨询师、会计、教育学、医学、工商管理、人力资源、食品安全、法律……

大部分的辅导案例，笔者都在整理后发布在记忆宫殿微课堂上（微信添加jiyigzh）。在本书中，笔者挑选了各种不同类型的知识点进行详细的记忆分解，目的是让读者通过这些记忆示例，学到更多的实操经验。

当然，笔者无法做到将每个学科专业的所有知识都列出来，因为如果对每个专业的所有知识题型进行详细的记忆讲解，那么每个学科都可以出一本记忆书了。未能在本书呈现的学科知识案例，读者可前往公众号学习。

第一节　文学知识记忆示例

1.词语记忆

在讲串联记忆方法时，我们学习了随机词语的记忆，但在练习中我们使用的大部分词语都是形象词语，而在中小学的词语学习中，有很多是抽象词语。这些词语串联起来并没有形象词语那么轻松，在本篇的知识示范中，我们就从学生课本中选取一些需要识记的词语来举例，讲解如何有效应用串联记忆。

[示例] 招牌、担忧、急切、惧怕、环境、知趣、光顾、恐怕、充足、理由、屋檐、其实、支撑、鼓励、环绕、娱乐、感叹、周游、思考、品味。

记忆思路：在串联记忆中，要求的是不能调换顺序，锻炼的是训练者的联结能力，而在实际应用当中，很多时候并不需要固定顺序，所以读者可以自行调换一些词语的位置，以便更容易联结。

另外，针对抽象词语的串联，需要代入一些场景、人物、事物等，往往编成故事比直接串联要容易处理和记忆。这个故事有没有趣不是很重要，重要的是故事要有一定的逻辑性，记忆程度会更精准一些。

接下来，我们通过两组训练，一组是不换顺序记忆，一组是换顺序记忆，对比一下两种方案，读者自行做出选择。

方案1（顺序故事记忆）：你在路上走，看到一个招牌在摇晃，要掉下来了，你很担忧，急切地跑起来，感觉很惧怕，跑进了一个新环境，有一个很知趣的人，带着你光顾了这里，你问他："恐怕要有充足的理由才可以在这屋檐下停留吧？"他说："其实，只要你体力支撑得住，我鼓励你环绕这里，转一下当作娱乐。"你感叹一句："我的理想是周游世界，思考各种事情，品味各种美食。"

方案2（调换顺序记忆）：你在周游各地的环境时，看到一块娱乐招牌要掉了，感到急切、担忧，恐怕支撑不住，一个知趣的人鼓励你不要惧怕，其实这里品味真不错，让你环绕屋檐，一边光顾一边思考，就会得到充足的理由，你光顾后感叹，果然很不错。

2.成语记忆

成语或四字词语的记忆和词语串联是一样的，我们直接做几个不同的示例，感受一下。

[示例] 描述天气的成语：风和日丽、烈日炎炎、晴空万里、万里无云、乌云密布、和风细雨、狂风暴雨、倾盆大雨、天昏地暗。

记忆过程：风和日丽的一天，太阳当空照，烈日炎炎，晴空万里，天空中万里无云，是个出游的好日子。准备出游的时候，突然乌云密布，先是下起了和风细雨，慢慢地变成狂风暴雨，雨水像是用大盆泼下来，真是倾盆大雨，整个人被雨泼得天昏地暗。

记忆点拨：这种归类成语的记忆比较容易，只需要按照一定的顺序，比如天气变化、时间变化、程度从小到大等逻辑顺序进行场景想象，自然就能够记住了。

四字的词语或者成语记忆，还可以用接龙的方式，比如白手起家、家徒四壁、壁垒森严、严阵以待……

不管是什么词语，无非是先弄清词语的意思，然后再进行联结。在必要的时候，适当调换一下顺序，可以让记忆的效率更高。

3.归类知识的记忆

我们经常会遇到一些知识，彼此间没有什么直接的关系，但是它们从属于某个知识板块，比如十大旅游景点、西湖十景、八个人物特征……这些知识内容的记忆有几种方式，一种是独字谐音记忆，一种是串联记忆，还有一种是定位记忆。

串联记忆和定位记忆在本书中多处都有举例，相信读者多有体会。独字谐音记忆，是把记忆的信息压缩成一个词，然后把所有词连在一起，谐音出一个有趣的记忆画面。这要求读者对信息的内容本身是熟悉的，如果不熟悉的话，关键字提取出来，你依然想不起原来的内容。

[示例] 中学生辨析、运用的八个常用修辞手法：比喻、对偶、拟人、排

比、反复、设问、夸张、反问。

独字谐音记忆：排、对、拟、夸、喻、复、问、设——派对你夸渔夫吻蛇——派对上你用夸张的修辞手法赞美渔夫勇敢吻蛇。

[示例]《红楼梦》中的"金陵十二钗"：元春、迎春、惜春、探春、巧姐、妙玉、李纨、秦可卿、林黛玉、薛宝钗、史湘云、王熙凤。

独字谐音记忆：元、迎、惜、探、巧、妙、李、秦、林、薛、史、王——圆鹰喜叹，巧妙里擒淋雪狮王。

提醒：本示例的记忆方式，需要读者对人物名称有一定的认识，如果完全不熟悉这些人物，用独字谐音记忆只能记住姓。所以需要读者认真去读一读每个人物的名字，有必要的话，还要对人物名称进行谐音处理。

[示例] 莫言获奖成名著作：《红高粱家族》《四十一炮》《透明的红萝卜》《丰乳肥臀》《檀香刑》《生死疲劳》《酒国》《月光斩》《白狗秋千架》《牛》《蛙》《爆炸》。

串联记忆：在酒国，有个红高粱家族，家族中有个丰乳肥臀的妇人，拿着一根透明的红萝卜，坐在白狗秋千架上，突然跳出一只牛蛙，牛蛙扛着大炮，发了四十一炮，巨大的爆炸把月光斩了下来，吓得妇人生死疲劳，赶紧抓住牛蛙，对它用檀香刑。

[示例] 孙悟空的人物性格：敢作敢当、勇敢机智、爱憎分明、嫉恶如仇、正直无私、行侠仗义、无所畏惧、敢于反抗压迫。

关于人物的性格特征记忆，我们可以利用人物的人体桩来进行。对于孙悟空的人物特征，我们可以用他的身体位置挂钩性格特征。

1.头：勇敢机智。

2.金箍圈：敢于反抗压迫。

3.眼：爱憎分明。

4.嘴：疾恶如仇。

5.手臂：敢作敢当。

6.脚：行侠仗义。

7.金箍棒：正直无私。

8.筋斗云：无所畏惧。

从孙悟空的人物特征定位记忆中，我们不难观察出，身体每一个位置与它所对应的性格特征都是有一定的联系的。比如勇敢机智，是头脑意志的表现，所以对应头；敢于反抗压迫，可以联想到金箍圈，因为金箍圈收缩时对孙悟空而言是一种压迫，所以他必须反抗；行侠仗义的意思中有行走的意境，所以对应脚……所以在定位记忆中，如果是利用知识相关的图像，比如孙悟空的人物特征用的是孙悟空的人物形象，那么在选取定位点的时候，应尽量根据知识内容的意境来选取对应，这样更有利于记忆。

[示例] 元曲四大家：白朴——《墙头马上》、关汉卿——《窦娥冤》、马致远——《汉宫秋》、郑光祖——《倩女幽魂》。

记忆处理：

白朴——《墙头马上》：一个爱摆谱（白朴）的人，爬上墙头，跳到马上。

关汉卿——《窦娥冤》：我们要关心旱灾的情况（关旱情——关汉卿），因为窦娥饿得在喊冤了。

马致远——《汉宫秋》：马自愿（马致远）被焊工揪（汉宫秋）着走。

郑光祖——《倩女幽魂》：真光祖（郑光祖）发出一道真光，把倩女的幽魂给照散了。

第二节　古诗课文记忆示例

中小学阶段的古诗，基本上都是叙事写景，寄情于景。所以读者在读古诗的时候，想象自己在看小说，一边读一边根据句意产生画面，再把每句的画面连贯成一个大的故事场景，在理解原意的基础上，适当增加趣味性的图像，会使记忆更加深刻牢固。

[示例]

《六月二十七日望湖楼醉书》（苏轼）

黑云翻墨未遮山，白雨跳珠乱入船。

卷地风来忽吹散，望湖楼下水如天。

诗文翻译：乌云上涌，就如墨汁泼下，却又在天边露出一段山峦，明丽清新，大雨激起的水花如白珠碎石，飞溅入船。忽然闯狂风卷地而来，吹散了满天的乌云，而那西湖的湖水碧波如镜，明媚温柔。

意境出图：

1.黑云翻墨未遮山——一朵黑云翻出很多墨水倒在山上，但是未能全部遮住山。

2.白雨跳珠乱入船——黑云下起白色的雨，雨里有很多跳珠，乱跳入船。

3.卷地风来忽吹散——地上卷起一阵风，忽然把雨珠吹散。

4.望湖楼下水如天——天气晴朗，望湖楼下的湖水映着蓝天。

串联记忆：苏轼在望湖楼喝酒，喝醉了写书，突然看到天上有个人驾着黑云，翻倒墨水，未能遮盖所有的山，于是下起白色的跳珠雨，跳珠乱蹦乱跳闯入湖里的船舱，船家用大风扇吹起一阵卷地风，把雨珠忽然吹散，白雨跳珠散落到望湖楼下，水变得清澈如镜，如天空一样。

古诗画面记忆基本上每个人都会，即便没有学过记忆法的人，读着古诗都能产生意境。而很多人记不住的原因，是没有把古诗的前后意境连贯起来。语文学习高手往往是以整首诗的场景出图的，而我们这些普通的学习者，可以将一句一句的意境画面串联起来进行记忆。

[示例]

《出塞》（王昌龄）

秦时明月汉时关，万里长征人未还。

但使龙城飞将在，不教胡马度阴山。

诗文翻译：依旧是秦汉时期的明月和边关，守边御敌鏖战万里，征人未回还。倘若龙城的飞将李广如今还在，绝不许匈奴南下牧马度过阴山。

意境出图：

1.秦时明月汉时关——秦朝的明月，跑到汉朝的边关。

2.万里长征人未还——军队万里长征，还没回来。

3.但使龙城飞将在——但使，谐音"蛋屎"，把一个沾着屎的鸡蛋交给龙城飞将。

4.不教胡马度阴山——不教胡人的马儿认识度过阴山的路。

串联记忆：秦时的明月，跑到汉朝的边关，还没出塞就看到万里长征的军人还未回家，于是拿着"蛋屎"去龙城找来飞龙将军（飞将），让他不要教胡马度过阴山，这样汉朝就不用打仗，军人就可以回家了。

[示例]《道德经》12 章

五色令人目盲，五音令人耳聋，五味令人口爽，驰骋畋猎令人心发狂，难得之货令人行妨，是以圣人为腹不为目，故去彼取此。

古文翻译：缤纷的色彩，使人眼花缭乱；嘈杂的音调，使人听觉失灵；丰盛的食物，使人食不知味；纵情狩猎，使人心情放荡发狂；稀有的物品，使人行为不轨。因此，圣人但求吃饱肚子而不追逐声色之娱，所以摒弃物欲的诱惑而保持安定知足的生活方式。

记忆思路：古文的记忆和古诗略有不同，古诗有意境，古文有些是没有意境的。比如《道德经》12 章，需要建立一个记忆逻辑，这个记忆逻辑可以是文中的行文逻辑，也可以是自己重新建立的。

根据内容，我们发现了一个有趣的情况，文中每句都有一个与人身体器官相关的词"目、耳、口、心、行（手脚）、腹"，那么我们可以利用人体器官的顺序来记忆这篇文章的内容。

句式结构：

前五句都有一个共同的句式"……令人……"，最后一句是"是以圣人为……不为……，故去……取……"，句式的逻辑不难理解，我们直接进入内容记忆。

1.目——目盲，句式"……令人目盲"，眼睛对应的是色彩，所以是"五色令人目盲"。

2.耳——耳聋，句式"……令人耳聋"，耳朵对应的是声音，所以是"五音令人耳聋"。

3.口——口爽，句式"……令人口爽"，嘴巴对应的是美味，所以是"五味令人口爽"。

4.心——心发狂，句式"……令人心发狂"，心跳得发狂，是由于身体奔跑躁动形成，所以想到驰骋（纵情奔跑）畋猎（田野狩猎），所以是"驰骋畋猎令人心发狂"。

5.手——行妨（行为不轨妨害别人），句式"……令人行妨"，人看到难得的货物，容易心怀不轨，起贪念，所以"难得之货，令人行妨"。

6.腹——最后一句是总结，"所以圣人为吃饱肚子，不为眼目声色之娱乐，故去掉彼（目耳口心行的诱惑）取此（吃饱肚子安逸生活）"，所以是"所以圣人为腹不为目，故去彼取此"。

古文的记忆难点是内容理解。古文需要翻译，特别是一些文言字词的翻译，一定要先处理好。重点是文章内容的行文逻辑，还有记忆逻辑。

[示例]

《爱莲说》周敦颐

水陆草木之花，可爱者甚蕃（fán）。

晋陶渊明独爱菊。自李唐来，世人甚爱牡丹。予独爱莲之出淤（yū）泥而不染，濯（zhuó）清涟（lián）而不妖，中通外直，不蔓（màn）不枝，香远益清，亭亭净植，可远观而不可亵（xiè）玩焉。

予谓菊，花之隐逸者也；牡丹，花之富贵者也；莲，花之君子者也。噫！菊之爱，陶后鲜有闻。莲之爱，同予者何人？牡丹之爱，宜乎众矣！

课文翻译：水上、陆地上各种草本木本的花，值得喜爱的非常多。晋代的陶渊明唯独喜爱菊花。从李氏唐朝以来，世人大多喜爱牡丹。我唯独喜爱莲花从积存的淤泥中长出却不被污染，经过清水的洗涤却不显得妖艳。（它的茎）中间贯通外形挺直，不牵牵连连也不枝枝节节，香气传播越远越清香，笔直洁净地竖立在水中。（人们）可以远远地观赏（莲），而不可靠近玩弄它啊。

我认为菊花，是花中的隐士；牡丹，是花中的富贵者；莲花，是花中（品德高尚）的君子。啊！（对于）菊花的喜爱，陶渊明以后就很少听到了。（对于）莲花的喜爱，像我一样的还有谁呢？（对于）牡丹的喜爱，人数当然就很多了！

行文逻辑：陶渊明独爱菊——世人爱牡丹——予独爱莲——不受环境影响（出淤泥而不染、濯清涟而不妖）——外形秉直干练（中通外直，不蔓不枝）——香气清鲜（香远益清）——态度（可远观而不可亵玩）——评价菊、牡丹、莲各自的品质和喜爱的人多与少。

图像逻辑记忆：

1.水陆草木之花，可爱者甚蕃（fán）。——在一个花园里，有水池和陆地，到处都有花，有很多可爱的小孩，在花中吃生番薯（"甚蕃"谐音"生番薯"）。

2.晋陶渊明独爱菊。自李唐来，世人甚爱牡丹。——安静（晋）的陶渊明在看菊花，李唐的皇帝和世人在欣赏牡丹花。

3.予独爱莲之出淤（yū）泥而不染，濯（zhuó）清涟（lián）而不妖。——我一个人独爱莲花，从淤泥中捞起来不污染，放到桌上的清水洗一下，连一点泥都不会要（"濯清涟、不妖"谐音"桌清连、不要"）。

4.中通外直，不蔓（wàn）不枝。——洗干净的莲藕，中间通外面直，不蔓延不长枝。

5.香远益清，亭亭净植，可远观而不可亵（xiè）玩焉。——香气飘很远都很清香，像个小亭子一样干净地坚立，只能远看不能携带去玩（"亵玩"谐音"携玩"）。

6.予谓菊，花之隐逸者也；牡丹，花之富贵者也；莲，花之君子者也。——菊是花之饮料（"隐"谐音"饮"），牡丹花很贵，莲是君子。

7.噫！菊之爱，陶后鲜有闻。莲之爱，同予者何人？牡丹之爱，宜乎众矣！——菊淘过水后闻起来就不鲜（陶后鲜有闻），莲同鱼生活在水里（"同予"谐音"同鱼"），牡丹一呼众蚁奔来（"宜乎众矣"谐音"一呼众蚁"）。

将以上的行文逻辑与图像逻辑结合，就可以将意境和图像进行结合记忆了，读者可自行尝试。当然，对于逻辑不够强的读者一定会觉得复杂，这里我们再给出另一种方案，即关键字记忆，每句话提取一个关键字，然后串联起来。

分段处理：

1.水陆草木之花，可爱者甚蕃（fán）。——草花、可爱

2.晋陶渊明独爱菊。自李唐来，世人甚爱牡丹。——陶爱菊、李唐爱牡丹

3.予独爱莲之出淤（yū）泥而不染，濯（zhuó）清涟（lián）而不妖。——爱莲出淤泥、濯不妖

4.中通外直，不蔓（wàn）不枝。——通直、不蔓枝

5.香远益清，亭亭净植，可远观而不可亵（xiè）玩焉。——香清、亭

植、观玩

记忆编程：草花丛中，一群可爱的孩子在玩耍，看到陶渊明在看菊，李唐皇帝在看牡丹，大家纷纷跑过去看牡丹。只有我一个人爱莲，莲藕拔出泥，濯清水不妖艳，非常通直，不蔓枝，香味很清，像亭子一样挺直（亭植），吸引了路人观看，但是不能玩。

6.予谓菊，花之隐逸者也。——菊、隐者（饮者）

7.牡丹，花之富贵者也。——牡丹、贵者（价钱很贵）

8.莲，花之君子者也。——莲、君子（连君子……）

9.噫！菊之爱，陶后鲜有闻。——菊爱、陶鲜闻（陶先闻，陶渊明先闻）

10.莲之爱，同予者何人？——莲爱、同予者（谐音"统御者"）

11.牡丹之爱，宜乎众矣！——牡丹、宜众（宜种）

记忆编程：煮一壶菊花来饮，买一盆牡丹很贵，连君子都买不起。菊花是陶渊明的挚爱，所以陶先闻，莲花只有统御者才能爱，牡丹之爱，大家都可以种。

不知道以上两种处理方式，读者是否能够获得一些启发。在记忆处理过程中，如果是没有逻辑或者逻辑不是自己能接受的，无论如何处理都很难记得牢固，甚至会感觉比死记硬背还麻烦。这是很正常的事情，因为记忆术解决的是记忆的问题，不是逻辑的问题，只有记忆和逻辑相结合，才能很好地解决长篇文章的记忆。如果读者已经想到更好的方法，可以自己试试看。

［示例］

《灰雀》（节选）

有一年冬天，列宁在郊外养病。他每天到公园散步。公园里有一棵高大的白桦树，树上有三只灰雀：两只胸脯是粉红的，一只胸脯是深红的。它们在树枝间来回跳动，婉转地歌唱，非常惹人喜爱。列宁每次走到白桦树下，都要停下来，仰望这三只欢快的灰雀，还经常给它们带来面包渣和谷粒。

叙事类的文章，可以借助"时间、地点、人物、事件（起因、经过、结果）"来作为逻辑线索。此篇文章比较简单，我们只作逻辑分析。

1.有一年冬天，列宁在郊外养病。——时间（有一年、冬天），人物（列宁），地点（郊外），事件（养病）。读者可以试试，只看一遍，然后根据时间、人物、地点、事件的逻辑进行复述。

2.他每天到公园散步。——此句与上句类似，逻辑是"人物—时间—地点—事件"。

3.公园里有一棵高大的白桦树，树上有三只灰雀。——此句逻辑"大地点（公园里）—小地点（白桦树）—小物品（灰雀）"，除了基本逻辑外，还有形容词（高大的）和数量词（一棵、三只）。

4.两只胸脯是粉红的，一只胸脯是深红的。——句式结构"……胸脯是……的"，数量词（两只、一只），形容词（粉红的、深红的）。

5.它们在树枝间来回跳动，婉转地歌唱，非常惹人喜爱。——人物（它们），地点（树枝间），事件（跳动、歌唱），结果（惹人喜爱）。

6.列宁每次走到白桦树下，都要停下来，仰望这三只欢快的灰雀，还经常给它们带来面包渣和谷粒。——人物（列宁），时间（每次），地点（白桦树下），事件（停、仰望、带来），对象（灰雀）。

相信这么分解，读者就很清晰了，这些句子也立即就记住了，因为你记住了逻辑。叙事类文章本身就有画面可想象，所以抓住逻辑后，边读边联想画面，基本上就能记住了。

第三节　英语单词速记示例

我记忆单词只用两步三招，我把它称之为"单词记忆三板斧"，从小学至考研的任何单词，三招之内必定记住。

关于英语单词记忆的方法和教学书籍成千上万，而且很多单词记忆书讲得很详细、很全面，但是对于普通学习者，越详细就越复杂，学习起来就越不简单。在此我建议需要记忆英语单词的读者，可以先学本书的单词记忆方法，学会秒杀单词的记忆绝招，再找几本讲得比较详细的单词记忆书做提升训练。

现在讲讲我的单词记忆两步三招。

单词记忆的两大步骤

我们先通过一个简单的示例，来掌握单词记忆的步骤。

示例——business 商业、交易

第一步，拆分：bus-in-e-ss，拆分后处理成图像，bus—公交车，in—在……里面，e—鹅，ss—两条蛇

第二步，联结：把拆分的图像和中文意思进行联结。公交车（bus）里面（in）有一只鹅（e）和两条蛇（ss）正在做交易。

通过示例，我们掌握了单词记忆的两步——拆分+联结。

联结使用的技巧就是串联记忆法，前文已经很详细地讲解了串联记忆，这里就不再赘述，不熟练的读者可以返回去学习和训练。拆分才是本节单词记忆技巧的重点。

我在教单词记忆之前，阅读过大量的单词记忆书籍，也请教过专业的记忆大师以及资深的英语专家教授。通过他们的分享，我发现一个现象，这些英语专业人士和单词记忆高手们在记忆单词的时候，并没有他们在书里面、课堂上讲得那么复杂。就那么两三招，就可以搞定所有的单词了。我整理了一下，就形成了被我称之为"单词记忆三板斧"的三招——熟词、拼音、编码。

单词记忆拆分三板斧

第一招——拆熟词。

我们都知道，几乎每个长单词的字母拼写中，都能找到其他短单词，稍微高级别的英语学习者还能找到词根词缀，或者是固定的字母组合。比如我们上面的示例，"business"里面就有bus和in，也有人看到sin、ness。

我还记得第一次学单词记忆的时候，学的单词是"hesitate犹豫"，这个单词可以拆分成"he（他）sit（坐）ate（吃，eat 的过去式）"。拆分后与意思"犹豫"联结——"他坐着犹豫地吃"，或"他犹豫地坐着吃"。也可以把

"犹豫"谐音成"鱿鱼"——"他坐着抓起一只生鱿鱼，犹豫地吃着"。

　　我还记得学过的另外一个单词，"candidate候选人"，可以拆分成"can（能）did（做）ate（吃）"，记忆的联想是这样的——"能干的是勇夫，会吃的是吃货，只有能做会吃的人才能当候选人"。

　　以上的例子，是完全能够拆分出单词的，在现实当中这种单词并不多，大部分单词能拆分出一部分的熟词，剩下的不是词缀，就是零碎的字母。关于零碎的字母如何处理，我们接下来还有两招，稍后讲解，在这里需要补充说明的是，拆熟词不仅是用来拆熟悉的单词，还可以拆熟悉的词根词缀，或者熟悉的字母组合，比如-ness，-ly，-ment，-tion等组合。

　　拆单词的熟词是需要有一定的英语词汇积累的，你积累的词汇越多，熟词拆分就越容易。不同英语水平的人，对同一个单词的拆分是不同的，比如"stall 货摊"，有人只认识其中的"all 全部"，有人看到了"tall 高"，也有人本来就记住这个单词了，根本不用做记忆处理。

　　第二招——拆拼音。

　　总有一些单词是找不到短单词结构的，比如"guide导游"，这种单词与其想办法拆分出熟悉的单词或者字母组合，还不如直接用拼音的拆分方式"gui（贵）de（的）"，联想起来也容易——"请导游是很贵的"。

　　单词中的拼音组合有两种，一种是完整拼音，一种是近似拼音。

　　上面的例子guide，就是完整拼音的单词。我们再举几个例子：fan风扇，lake湖，panda熊猫，cage笼。这几个单词一目了然，都是可以用完整拼音结构找到记忆图像的，fan——饭（吃饭要吹风扇），lake——拉客（在湖边拉客），panda——胖大（熊猫又胖又大），cage——擦个（擦个鸟笼）。

我们再来看看近似拼音的单词：

strong强壮的，拆分成st-rong，通过拼音输入法缩写，可以找出st的拼音"石头、身体、双腿、手套、神童……"，rong是拼音"容、荣、绒、榕……"，结合单词的中文意思，我们不难找出一两组比较有趣的组合"st（身体）rong（光荣）——强壮的身体是非常光荣的事情"，"st（石头）rong（容易）——对于强壮的人来说，石头容易被捏碎"。只要思维够灵活，你还可以组合成更多有趣的记忆故事。

candy 糖果，拆分成can（餐）dy（dy—dai yu—待遇），每餐的待遇就是吃糖果。

bench 长凳，拆分ben（笨、奔）ch（吃、驰），笨蛋在长凳上吃东西，或长凳塞进奔驰车里。

dairy 乳制品；拆分成dai（袋）ry（日元）；日本的乳制品稀缺，一袋日元买一盒乳制品。

banquet 宴会，拆分成ban（搬）qu（去）et（外星人），搬去外星人家里举办宴会。

不难看出，如果是完整的拼音结构，比较容易通过拼音找到图像，但是如果是缩写的拼音字母，比如常见的一些字母组合ly、ry、sy、st、ment、tion、dy……要马上能够出图，是不容易做到的事情。在编码系统中，我们列举了字母编码的组合表，读者可以参照表格进行日常单词记忆的拆分应用。当然，还有许多不在字母组合中的，应用时可以直接用手机或电脑的拼音输入法来获得素材。平时多积累，应用的时候自然就能熟练了。

第三招——拆编码。

如果熟词和拼音这两招都用完了，单词的拆分还未能完成，那么就只能用编码了。

字母编码表

A苹果	B男孩	C猫	D狗	E鹅	F斧头	G鸽子
H椅子	I蜡烛	J鱼钩	K机枪	L拐棍	M麦当劳	N门
O救生圈	P猪	Q气球	R小草	S蛇	T锤子	U杯子
V子弹头	W尖齿	X剪刀	Y弹弓	Z闪电		

一般来说，在单词记忆中很少单独使用字母编码，多数都是进行熟词和拼音拆分后，剩下的字母才用编码出图。比如"chill寒冷"，如果提取chi，那么就剩下ll两个字母；如果提取后面的ill，前面剩下ch两个字母。此时若剩余的字母找不到好的图像，就得动用字母编码逐个转化了。这个单词可以是"chi（吃）ll（两根冰棍），很寒冷"，也可以是"在寒冷的ch（窗户）前，容易ill（生病）"。

我们来学几个含有编码拆分的单词：

essay 散文，拆分成e（鹅）s（蛇）say（说），鹅对蛇说了一篇散文。

loom 织布机，拆分成loo（数字100）m（米），织布机织出100 米长的布。

gloom 郁闷；拆分成g（哥哥）loo（100）m（麦当劳）；哥哥心情很郁闷，拿着100 块去麦当劳大吃一顿。

magic 魔力，拆分成ma（妈妈）g（数字9）ic（ic 卡），妈妈有9 张附有魔力的IC 卡。

秒记单词的心得

通过以上的示例学习，相信读者对单词的"两步三招"已经有了一定的掌握。现在我们来看看如何利用这两步三招帮助大家快速记忆单词。

我是最怕麻烦的人，所以我记单词只用这两步三招。我自己练习拆分2000多个考研单词之后，单词拆分的速度就提升上来了。想要做到速记单词，两步是不可少的，基本上所有需要用图像记忆的单词，都是这么记忆的。三招不一定每次都全用，拿到一个单词，先观察有什么熟悉的部分，不管是熟词、拼音，还是编码，只要你第一眼看到的，先拆分出来，剩下的再想办法。

因为只有凭第一感觉拆分，才能达到最快的速度，如果你犹豫不决，担心拆分不好，担心联结不好，担心记忆效果不好，那么就很难在短时间内完成一个单词的拆分和记忆。

想要做到秒记单词，平时就必须练习多方案拆分，一个单词不要只用一种记忆方式，多拆分几种不同的方案。特别要强调的是，每个人的英语水平都不同，不要羡慕别人记得多快，或者拆分的时候拆得那么漂亮，只要自己拆得顺手就行了。

我列举几个考研词汇，大家可以一起来练练手。练习拆分的时候，尽量多找几个方案，这样你的记忆才会更丰富，而且第一眼感觉可以怎么拆就怎么拆。

coherent 有条理的

拆分1：co—扣，he—他，rent—租金；他做事如此有条理，为什么还要扣他的租金？

拆分2：co—抠，here—这里，nt—泥土；他很有条理地抠干净这里的泥土。

abrupt 意外的

拆分1：ab—阿伯，ru—人，pt—炮台；阿伯意外地掉入炮台。

拆分2：a——一个，bru—被褥，pt—葡萄；一张被褥意外地沾上了葡萄汁。

charm 魅力

拆分1：char—炭，m—麦当劳；炭黑色的麦当劳烤肉，特别有魅力。

拆分2：cha—茶，rm—容貌；爱喝茶的人容貌很有魅力。

moustache 小胡子

拆分1：mo—摸，us—我们，ta—他，che—扯；敢摸我们，就把他的小胡子给扯了。

拆分2：mou—谋，st—身体，ache—疼痛；想要谋害长小胡子的坏人，只需把他的小胡子扯下来，他的身体就会疼痛难受。

gallop 飞奔

拆分1：g—哥哥，all—所有的，o—鸡蛋，p—猪；哥哥的所有鸡蛋都被猪偷了，猪飞奔而逃。

拆分2：ga—咖喱，llo—数字110，p—猪；咖喱被抢，打110报警，猪猪侠飞奔而来。

以上每个单词都有两种不同的拆分方案，读者在日常的单词记忆训练中，不妨也如此操作，对大脑想象力灵活化有较好的帮助。

第四节 生物知识记忆示例

学生物的时候，对于生物知识的类型，最深刻的印象就是"……的6个层次""……的8个基本结构""……的4个流程"，这样的知识内容层级多，复杂又琐碎，记忆起来是非常头疼的。但是生物知识也有一个非常利于图像记忆的特征，就是它所描述的内容基本上都是自然界中的物质，而且都有图像结构可以呈现出来，即使没有图像结构，也可以在自然界中找到相关的实物。比起政治、历史这些学科的知识，找图就容易多了。

本节中，我将教学中辅导学员记忆生物知识的几个案例分享给读者，希望读者能够举一反三。

鸟卵结构图记忆示例

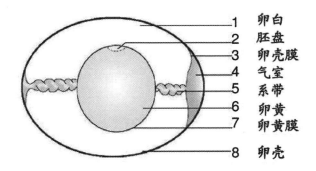

记忆卵的结构，我们可以借用鸡蛋的结构来记忆。

鸡蛋是大多数人每天必备的营养食物，说起鸡蛋的结构，大多数人马上就能想到蛋壳、蛋白、蛋黄，我们就借助这3个耳熟能详的结构作为文字桩，来记忆鸟卵的8个结构。

我们首先利用蛋壳记忆卵壳、卵壳膜和气室。我们剥鸡蛋时都有一个经验，就是鸡蛋壳里面会有一层膜，这层膜就是卵壳膜了。所以在蛋壳部分，有卵壳和卵壳膜。这点几乎不用图像，只需要理解就记住了。还有一个气室，我们经常会发现熟鸡蛋剥开壳后，有些地方是空的，这些地方是存储氧气的，叫作气室。这样回想一两遍，基本上蛋壳——卵壳、卵壳膜、气室这几个内容就记住了。

第二个是蛋白，记忆的是卵白、系带。如果你有打生鸡蛋的经验，你是否留意过蛋白里面有一条透明的黏稠带状物？小时候我一直以为这是蛋清密度不均匀导致的，读了生物之后才知道，原来混合在蛋清里面的透明带状物是系带。系带的作用是固定卵黄，被包裹在蛋清里面。所以你只要记住蛋清和系带煮熟后变成蛋白，每次吃鸡蛋的时候，蛋清和系带是一起吃的，想到这些自然就会记住卵白和系带了。

第三个是蛋黄，记忆卵黄、卵黄膜和胚盘。不要以为蛋黄就是一种物质而已，其实蛋黄是由一层膜包裹着，不然蛋黄和蛋清就混在一起了。厨师打蛋的时候，就是把卵黄膜打破，让卵黄和卵白均匀混合。卵黄膜包裹着卵黄和胚盘，卵黄是营养物质，而真正发育成幼鸟的是胚盘。当卵黄膜里面的卵黄被胚盘吸收完了，一只小鸟就形成了。

我们稍微梳理一下——

蛋壳：卵壳、卵壳膜、气室。

蛋白：卵白、系带。

蛋黄：卵黄膜、卵黄、胚盘。

用我们熟悉的鸡蛋结构作为记忆桩，关联鸟卵的结构，显然更容易记忆了。这种记忆方式可以应用在细胞结构、种子结构等各种生物的结构上。当然，不是都用鸡蛋结构去记忆，而是利用生物本身的结构，找到相应的生物图，进行关联记忆。

比如细胞结构，是可以沿用鸡蛋的这种结构的，但不是直接使用鸡蛋结构去记忆，而是利用类似鸡蛋的结构，外面有一层保护层，里面是生命营养物质，最里面是生物的核心。

借助这个生物结构模型，我们来尝试记忆细胞结构——动植物的细胞结构里都有细胞膜、细胞质、线粒体、细胞核，不同的是植物细胞中还有细胞壁、液泡、叶绿体。

我们可以发挥想象力，先不管什么细胞，它们都需要有个保护层，叫作细胞膜，植物的细胞还有一个细胞壁。我联想到植物不会跑，所以它的细胞必须有一层壁来保护，光靠细胞膜是不够的；而动物会跑会跳，遇到危险可以躲避，所以它的细胞只需要一层细胞膜就够了。这样就能够记住并区分动植物细胞的最外层结构了。

细胞里面像鸡蛋清一样的营养物质，叫作细胞质，细胞质包裹着细胞核，由于动植物都需要呼吸，在细胞质里面还有一个线粒体，它的功能是呼吸。你想象在细胞质里面就像在水里面，有一根线一样细的管子伸出水面，就可以呼吸了，这样就可以记住线粒体是负责呼吸的。

我们前面区分了细胞外层结构，现在区分内在结构。因为植物的主要食物就是阳光和水分，而植物细胞又没有嘴巴，就只能依靠液泡提供水分，依靠叶绿体吸收阳光了。

当你把以上的想象过程理顺了，或者直接画成图像，自然就能够记牢动植物细胞的基本结构了。我把区分的文字版列出来，读者如果有兴趣，自行画一个细胞草图，就能牢牢记住了。

	植物细胞	动物细胞
外层	细胞壁、细胞膜	细胞膜
细胞内相同点	细胞质（生存环境）、线粒体（呼吸作用）、细胞核（遗传物质）	
细胞内不同点	叶绿体（光合作用）、液泡（水分）	无

除了细胞结构之外，还有种子结构、细菌结构等，读者可以用我们上面讲解的生物结构思维去试试，看看能不能记住。

表格类知识记忆示例

维生素	维生素A	维生素B$_1$	维生素C	维生素D
缺乏症	夜盲症 干眼症 皮肤干燥	脚气病 神经炎 消化不良、食欲不振	坏血病 抵抗力下降	佝偻病 骨质疏松症

很多记忆训练者看到表格类的内容就无计可施，不知如何操作好，其实表格的主要目的只是帮助我们对比和分清知识的内容，在记忆时，只需要把表格去掉就行了。比如上表，我们在记忆的时候，转化成这样的形式，就容易记忆了。

缺维生素A：夜盲症、干眼症、皮肤干燥。

缺维生素B_1：脚气病、神经炎、消化不良、食欲不振。

缺维生素C：坏血病、抵抗力下降。

缺维生素D：佝偻病、骨质疏松症。

聪明的你是否已经猜到我依旧要使用文字桩呢？

这次的文字桩是字母A、B_1、C、D，把它们转化成编码图像apple苹果、boy男孩、cat猫、dog狗。有了四个图像之后，我们开始关联后面的信息。

A：想象有个人，皮肤很干燥，干到眼睛夜晚都看不见，所以就联想到皮肤干燥、干眼、夜盲。于是他用苹果（apple）切片当作面膜，敷在眼睛和全身干燥的地方，医治了这个病。只要你想起这个故事有个苹果，就知道是维生素A。

B：有个男孩（boy）得了脚气病，他自己把脚抬起来闻了一下，立刻得了神经炎，从此消化不良、食欲不振。

维生素B₁的缺乏症是最容易记的，几乎每次在课堂上讲这个记忆技巧，学员们都是哈哈大笑，说明大家在脑海里已经想到这个搞笑的画面了。

C：想象一只猫（cat）在打架的时候皮肤被抓破了，流了很多坏血，破损的皮肤受到感染，导致抵抗力下降。

D："佝偻"病中的"佝"与"狗"从音和形都有部分相似，所以用狗联想佝偻应该不难，心中认真重复两三次就可以关联了，佝偻病一般是骨骼变形，比如O形腿。我们可以想象一只得了佝偻病的狗（dog），腿都是O形的，趴到地上骨头都很疏松，站不起来，就联想到骨质疏松。

总结一下表格类的记忆方法：首先把表格去掉，转换成一般形式的知识内容，其次是建立桩子，如果表格的内容本身是有顺序的，比如数字顺序、字母顺序、内容因果、层次、大小、时间等关系，都可以利用起来当作桩子的顺序，如果实在没有明显的顺序，就给它们标上数字编号，直接用数字编码来做顺序。

标上顺序的目的不是为了记住顺序可以抽背，而是把它们关联在一起。

如果没有关联在一起，单个内容记忆之后，没有挂钩的关联点，这个记忆的过程就会变成大脑里的漂流瓶，四处漂流无法固定，容易遗忘。

最后，用桩子去关联知识，可以是串联，可以是逻辑关联，或者两者同时使用。这时候肯定要转化图像，联结图像。我的记忆原则是只要能记住，记忆方法可以多管齐下。

其他知识类型记忆示例

[示例] 原核生物：放线菌、衣原体、支原体、蓝藻、细菌。

这个类型的知识，一般是提取首字进行谐音记忆。比如"放、衣、支、蓝、细"，但是按照知识点原来的顺序，不一定能够谐音出有趣或者生动的记忆组合，此时我们可以适当调整它们的顺序，得到不同的结果。这里我示范几种不同的结果，帮助大家理解和筛选。

方案1：放、衣、支、蓝、细——放一只烂席。

方案2：支、衣、放、细、蓝——织衣放细篮。

方案3：蓝、细、线（放线菌）、支、衣——蓝细线织衣。

不同的排列会得到不同的结果，读者在运用这种记忆技巧时，需要注意的是，不是一排列就马上能得到最合适的结果，有时要反复揣摩很久才能得到很有趣的记忆图像，所以如果遇到困难，不要气馁，因为专业的记忆讲师在备课的时候，也可能会因为一个小知识点而纠结很久。

还有一个需要注意的是，标题"原核生物"不要忘记了。取"原核"谐音"圆盒"，假如我们选方案3，那么把标题加上去，记忆的图像就变成"从圆盒中取出蓝细线织衣"。

[示例] 传统食物的保存方法：晒干、风干、盐渍、糖渍、烟熏、酒泡等。

方案1：糖盐烟酒风晒——唐嫣研究风晒食物的保存方法。

方案2：烟酒糖盐风晒——食物用烟酒浸泡，加上糖和盐，再经过风晒可以保存很久。

[示例] 扦插植物：马铃薯、葡萄、月季、秋海棠等。

转化图像："扦插"谐音"钳叉"，"马、葡、秋、月——马扑秋月"。

记忆串联：马拿着钳叉，扑向秋月。

[示例] 心脏的结构：左心房——肺静脉，左心室——主动脉，右心

房——上下腔静脉，右心室——肺动脉。

在记忆之前，我们需要先理解心房心室的概念和作用，这样对后面的转化和记忆有非常大的帮助。

我们知道，心脏是管理血液循环的器官，它分为左右两半。左右两边都有心房和心室，血液流入心房，然后从心房输入心室，再从心室输出全身。这里我们需要记住它们的顺序，所以我用"房室"这个词的顺序来记忆，先房后室，而不叫"室房"。所以血液从房进入室，这个顺序就记住了。

进入心脏的血管叫"静脉"，输出的血管叫"动脉"。这个好记，只需要记住"进—静"就可以了。

好了，现在我们知道心房是进血的，心室是出血的，进血管叫静脉，出血管叫动脉，左右心房有两条静脉进血，左右心室有两条动脉出血。

有个特别之处需要注意，就是血液流动的时候，全身所有血液都是统一的，除了肺部的血液是单独流动的，可能是因为肺管理呼吸的关系吧。需要知道的是肺的血液是从左心房进去的，其他血液是从右心房进去的。

接下来，我们就开始模拟血液流向了，先从肺部开始。

肺部的血液通过肺静脉流入左心房，再从左心房流入左心室，然后从左心室输向全身的主动脉，注意了，肺部的血液进入心房心室后，不是重新流向肺部，而是流向全身。全身的血液，通过全身的静脉（专业名词：上下腔静脉）流入右心房，再流入右心室，再流向肺动脉，进入肺部。

如果你读完上面这段，能够在脑海里形成一个清晰的"血液从肺部流向左心房，从心脏流向全身，再流回右心房，再从心脏流向肺部"的整个过程，那么基本上就不用再做其他记忆了，你已经达到理解记忆了。

最后，我们通过理解，总结一个简单的口诀"肺进（静）左房室，又

（右）主动出全身，又（右）进心房室，流动回肺部"，如果前面的内容你读懂了，这个口诀自然也就懂了。

这里必须提醒的是，口诀最初不是用来直接记忆的，而是总结概括复杂的理解过程的。很多人没有理解口诀对应的内容，直接背口诀，背得很辛苦。一定要先理解再背口诀才有用，直接背口诀是没多大用处的。

如果你觉得到这里，已经理解并完全记住了，那么就算完成这个内容的记忆了。如果希望考试的时候能够秒杀与这个知识点相关的题，那么我们可以做一点简单的记忆处理。

比如"左心房——肺静脉，左心室——主动脉"，由于已经理解了心房和心室的关系、静脉和动脉的关系，那么心房、心室、静脉、动脉这几个词可以省去，只需要记住"左、肺、动"即可，想象左边的肺在猛烈地跳动（可联想为由于心脏在左边，所以左肺受心脏影响，也跳动很厉害）。

因为这种题往往考的是选择题，记住"左肺动"这三个关键字，其他的靠排除就可以选对了。

万一遇到填空题怎么办？

其实很简单，如果理解了上面的整个过程，而且在脑海中已经形成一个画面，自然能够答对题。唯一可能答错的，就是"上下腔静脉"这个名词，由始至终我们对它都只是简单理解而已，其实这个记忆起来也简单，"上下腔"谐音"上下枪"，就是对着右边心脏上下打两枪，就停止跳动了。

好了，最后这个示例费这么多笔墨，就是想让读者明白，生物知识记不住是因为不能清晰理解，因为理解的过程是一个动态的生物运动过程，一旦这个过程的影像在脑海中形成了，自然就记住了，而且这些运动过程都能在网络上或是教科书上找到图解，记忆是非常方便的。如果还是记不住，要么是因为理解还不透，要么就是对生物没有兴趣。如果没有兴趣，那就好好练记忆术，因为用记忆术可以不用经历复杂的思考过程，直接三两下转化串联就能搞定了。

第五节　历史知识记忆示例

历史知识记忆，往往就是两种类型，一类是历史时间，一类是历史事件。

历史时间记忆示例

（1）历史时间记忆

举例：

夏朝（约BC2070—BC1600年）

商朝（约BC1600—BC1046年）

西周（约BC1046—BC771年）

东周（BC770—BC256年）

面对这种带有"约、BC（公元前）"的时间，处理起来要比纯数字复杂一些。BC通过拼音输入法缩写，可以得到"奔驰、白菜、白痴"等有趣的形象词。

关于时间，由于朝代的时间一般都有承接性，上一个朝代的结束，就是下一个朝代的开始，所以每个朝代的结束时间，我们就不用记了。以上的朝代时间，我们可以压缩成：

夏约BC2070

商约BC1600

西周约BC1046

东周 BC770

接下来，可以根据谐音的法则逐一处理了。

夏约BC2070——瞎子（夏）约白痴吃香烟（数字编码20：一包香烟20根）和冰淇淋（数字70）。

商约BC1600——奸商约白痴在大树下（数字编码1）交易，骗了他600块钱。

西周约BC1046——买了一碗稀粥（西周），约白痴出来吃，结果白痴带了一拎饲料（1046谐音）来喝稀粥。

东周 BC770——想吃冬瓜粥（东周），开着奔驰（BC）买锄头（7）挖地种瓜，挖出了一只麒麟（70）。

相信看完以上示范，大家基本就知道历史时间如何记忆了。

有个细节要说明一下，"约BC"和"BC"虽然是差不多的意思，都是指公元前，但是我在处理的时候，是注意区分图像的，"约BC"始终使用"约白痴"，而"BC"是使用"奔驰"，这样在回忆的时候，可以直接回忆出，有白痴的就是约BC，而奔驰是BC。

还有一个细节，数字处理不一定都得是数字编码，也可以是数字谐音，比如1046——一拎饲料。还有，四位数不一定就是两两出图，比如1600，不一定是16、00，可以是1、600。

总而言之，方法是死的，人是活的，规则是固定的，处理过程是灵活的。

如果是人物的历史时间，就不能简化了。比如成吉思汗（1162-1227），记忆的元素就必须包括"成吉思汗、11、62、12、27"这5个内容。对于串联记忆达到3分钟20个的训练者，这5个简直就是小儿科了，我们可以轻松地把它们编成一个记忆故事——"成吉思汗力大无比，拿着筷子（11）夹起一只牛儿（62），牛儿背上骑着婴儿（12），婴儿在听耳机（27）"。

（2）历史事件的时间记忆

历史事件及时间	记忆编程
1839年林则徐虎门销烟	林则徐销毁鸦片是吃了一把香蕉（1839）
1662年郑成功收复台湾	郑成功骑了一路牛儿（1662）冲上台湾
1948年朝鲜半岛分裂	朝鲜半岛像石板（48），一脚（19）下去石板（48）裂或两半
618年唐朝建立	唐朝建立，派喜糖（唐），自己留一把（618）
1644年清兵入关	清兵入关，杀得一箩死尸（1644）
1931年9月18日九一八事变，日侵华开端	日本侵华时，在海上伤害一只鲨鱼（1931），鲨鱼向中国人求救，救一把（918）

历史事件的时间记忆不仅在历史学科中要用，在世界脑力锦标赛中，也有一项虚拟历史时间记忆竞赛。历史事件的时间记忆算是比较简单的，因为我们曾经试过，稍微学过记忆法的人，从1840 年近代史一直到2012年的现代史，大约100 多条历史事件，在30分钟内可以记完。当然，如果是记忆大师，只需要10分钟左右就可以牢记了。

总结：这种类型的知识，时间用数字编码或者数字谐音，事件提取主要关键信息，然后串联起来即可，难度不大，主要是看有没有练好数字编码。

历史事件记忆

[示例] 八国联军：俄国、德国、法国、美国、日本、奥匈帝国、意大利、英国。

采用首字谐音：俄德法美日奥意英——饿的话每日熬一鹰。

记忆过程：八国联军来侵略中国，中国老百姓肯定不给他们吃的，他们饿的话，只能每日熬一只鹰来吃。

[示例] 中国历史朝代顺序：夏、商、周、春秋、战国、秦、汉、三国、晋、南北朝、隋、唐、五代十国、宋、元、明、清、中华民国、中华人民共和国。

这一组如果采取首字谐音，就必须拆分开来，由于内容比较多，转化和记忆的过程我们合并在一起。

夏商周春战——瞎商周村长。一个瞎眼商人，是周村的村长。

秦汉三晋南北——勤汉衫浸男背。周村长是个勤劳的汉子，每天工作到汗水把衣裳浸湿他宽大的男背。

隋唐五宋元——水塘武松元。在水塘洗澡遇到武松找他借元宝。

明清两中华——武松说，钱明天还清，再送你两条中华烟。

[示例] 商鞅变法内容：①土地私有，②奖励耕战，③建立县制。

方案1：商鞅、土地、耕战、县（长）——山羊（商鞅）在自己的土地上一边耕种一边与前来抢土地的县长战斗。

方案2：商鞅、土地、耕战、县（长）——县长骑着山羊，把老百姓的土地强征私有，并且奖励给战士耕种。

[示例] 中日《马关条约》：

①割让辽东半岛、台湾全岛及附属各岛屿、澎湖列岛给日本；

②赔款日本军费白银2亿两；

③增开苏州、杭州、沙市、重庆为通商口岸；

④允许日本在中国通商口岸开设工厂。

关于不平等条约，一般都是割地、赔款、通商、办厂，再加上一些具体的事情，所以只要依照这个思路去解读，基本上不难。

马关——马倌。

①割地——辽东、台湾、澎湖——割辽、澎、湾——割了盆豌豆。

②赔款——2亿两白银。

③通商——苏州、杭州、沙市、重庆——杭、沙、苏、重——喊杀鼠虫。

④开厂——开设工厂。

记忆过程：一个马倌，去日本人的园里割了一盆豌豆，被抓赔了2亿两白银，回到家里发现价值2亿的豌豆被鼠虫吃了，他气得喊杀鼠虫，亏光了钱只能去日本人开的工厂打工。

总结：历史知识的记忆，如果是事件，先分析其中的逻辑脉络。一般有时间、人物、地点、起因、经过、结果、意义。历史知识无非就是告诉我们在什么年代，谁和谁在哪里做了什么事情，这个事情的起因、经过、结果是怎样的，最后的历史意义（积极和消极）是什么。搞清楚这些脉络，基本上你也就记得差不多了，剩下的随意提几个自己觉得能帮助复述原文的关键词，串联记忆就搞定了。

如果是时间类型的事件，就需要增加数字编码的记忆，只要有一定的记忆术训练基础，基本上能够完成这类知识的记忆。

第六节　地理知识记忆示例

[示例] 我国主要钢铁基地：北京、武汉、攀枝花、上海、马鞍山、包头、太原、重庆。

独字谐音记忆：北、汉、攀、上、马、包、太、重——背着一包钢铁的北方汉子，攀上马，由于包太重，把马给压扁了。

[示例] 我国经济特区：深圳、汕头、珠海、厦门、海南。

独字谐音记忆：深汕珠厦海——深山猪下海，去经济特区经商。

[示例] 影响气候的主要因素：洋流、地形、海陆分布、大气环流、纬度。

独字谐音记忆法：洋、地、海、大、纬——换序——海、洋、纬、大、地——海洋围大地。

[示例] 我国的主要河流：黑龙江、黄河、长江、珠江、雅鲁藏布江、塔里木河、额尔齐斯河。

词头组合谐音：黑珠（黑猪）、长额（嫦娥）、黄雅（黄鸭）、塔。

记忆编程：嫦娥骑着黑猪，追着黄鸭进了塔。

[示例] 证明地球形状的证据：

①麦哲伦环球航行成功；

②在海边看远处的船，先看到桅杆后看到船身；

③地球的卫星图片；

④登高望远；

⑤月食看到地球的阴影。

记忆思路：这个知识点中有人物、有地点、有物件等，可以组合成一个连贯的场景。

记忆处理：麦哲伦环球航行成功归来，家乡的人们登高望远，在海边看到远处麦哲伦的船，先看到桅杆，桅杆上挂着一颗人造卫星，卫星是从天上掉下来的，它拍到了月食，而月食的黑影居然是地球的身影。

[示例] 京广线主要地区：北京—石家庄—邯郸—新乡—郑州—武汉—长沙—株洲—衡阳—韶关—广州。

记忆处理：

北京——北京人

石家庄——用石头做嫁妆

邯郸——含着仙丹

新乡——信箱

郑州——枕头（谐音）

武汉——练武的汉子

长沙——铲沙

株洲——煮粥

衡阳——很痒

韶关——少管所

广州——广州城

串联记忆：北京人嫁女儿，用石头做嫁妆，含着仙丹，吐到信箱里，抱着枕头去找练武的汉子，汉子铲沙放进锅里煮粥，吃完很痒，被抓进少管所，送到广州看管。

[示例] 东盟10 国：老挝、马来西亚、新加坡、菲律宾、越南、泰国、柬埔寨、印度尼西亚、文莱、缅甸。

独字谐音记忆：老越菲新马，泰柬印文缅——老岳飞新马，太监印文面——老岳飞买新马，卖马的太监拿印盖在文书的封面上。

[示例] 华北地区干旱缺水问题处理措施：南水北调；修建水库；控制人口数量，提高素质；减少水污染；减少浪费，提高利用率；限制高耗水工业的发展；发展节水农业；采用滴灌、喷灌农业灌溉技术，提高利用率；实行水价调节，树立节水意识；海水淡化等。

内容理解：解决干旱缺水问题的两个关键思路——开源、节流。

开源——南水北调；修建水库；海水淡化。

节流有三个方面：

对生活——树立节水意识，控制人口，提高素质；减少浪费；水价调节。

对工业——减少污染，限制耗水工业发展。

对农业——发展节水农业；滴灌、喷灌技术。

记忆处理：

针对不同的内容，我们要懂得灵活应对，才能进行有效的记忆。

开源——修建水库、南水北调、海水淡化。这几个词语可以组合成一个场景进行记忆——修建水库，引入海水。把蓝色药水（"南水"谐音"蓝水"）倒入海水，海水就淡化了。

节流——生活（树立节水意识，控制人口，提高素质；减少浪费；水价调节）；工业（减少污染，限制耗水工业发展）；农业（发展节水农业；滴灌、喷灌技术）。这些词语都是正向积极的词汇，如果直接串联，恐怕比较辛苦，有时候我们适当地用逆向思维去操作，反而能起到意想不到的效果。

比如，控制人口、提高素质，我们反过来，想象有"1000个没读书的社会流氓"，数量多代表要控制人口；没读书的流氓，代表要提高素质。

于是，我们可以这样想象记忆的过程：1000个没读书的流氓，把所有生活纯净水都倒入工厂的蓄水池，然后跳进去洗澡（浪费用水，污染水源，反过来就是：减少浪费、减少污染），导致社会上没有水了，水价就只能调高了（调节水价），水价高了工业和农业只能节约用水了（树立节水意识），工厂限制耗水，农业发展节水（只能一点点滴灌和喷灌了）。这样就把这一大段内容记住了。

[示例] 中国地理位置四至点：最东端135°E、最西端73°E、最南端

4°N、最北端53°N。

按照常规的记忆方式，每个至点要拆分出3个关键信息：东、135、E，然后再串联记忆。如果是这样，那这个知识点就有12个关键信息，对于记忆高手是没问题的，但是对于普通的记忆术学习者，肯定是记忆的信息越少越好。

由于这组信息是记方位，而且按照东西南北的顺序，分别是135E、73E、4N、53N；再根据中国的东西是记经度"E"，南北是记纬度"N"，所以又可以简化成为"135、73、4、53"，这下就简单了，用编码记忆就是"医生（13）拿着钩子(5)，爬上青山（73），插下红旗（4），打倒武僧（53）"。

[示例]

最北端在黑龙江省漠河以北的黑龙江主航道中心线上（53°N，133.5°E）。

关键信息：漠河北、53、133.5

记忆编程：武僧（53）的衣裳上点污（133.5），去漠河北的黑龙江上洗。

最南端在南海的南沙群岛中的曾母暗沙（3°51′N，112°16′E）。

关键信息：曾母暗沙、3°51′、112°16′

记忆编程：曾子的母亲暗杀了三只毒乌鱼（"3度51"谐音"三毒乌鱼"），抓起来吃，咬咬耳毒死了（"112度16"谐音"咬咬耳毒死了"，其中"死了"和"十六"谐音）。

最东端在黑龙江省黑瞎子岛（48°27′N，135°05′E）。

关键信息：黑瞎子、48°27′、135°05′

记忆编程：黑瞎子用石板（48）凿一个耳机（27），卖给医生（13），医生用五毒（5度）散毒死灵狐（05），给黑瞎子当酬劳。

第七节　化学知识记忆示例

很多学生以为，化学知识的记忆应该就是化学方程式的记忆了。其实不是的，化学方程式不是背诵记住的，而是理解记住的。化学方程式是现实生活中的物质在化学反应时的符号表达而已，我们要记忆的不是符号，而是化学反应的内容。每一个化学过程，在现实生活中都可以找到形象来代替，哪怕是小到无色无味的内部化学反应，既然能够被科学家发现，那么就肯定是可以"看"到的，不管这个"看"是用肉眼还是借助其他仪器。在本节的示例中，我们主要把教学过程中学生提问比较多一些内容进行分享。

[示例] 化学元素周期表前20位。

1氢H	2氦He	3锂Li	4铍Be	5硼B
6碳C	7氮N	8氧O	9氟F	10氖Ne
11钠Na	12镁Mg	13铝Al	14硅Si	15磷P
16硫S	17氯Cl	18氩Ar	19钾K	20钙Ca

我们用数字编码进行记忆：

1.（铅笔）——氢（氢气球）——H（椅子），笔刺破椅子上的氢气球。

2.（鸭子）——氦（谐音"害怕"）——He（河），旱鸭子害怕下河。

3.（耳朵）——锂（狐狸）——Li（梨），狐狸把梨塞到自己的耳朵里。

4.（红旗）——铍（拆分成"金、皮（黄金色的兽皮）"）——Be谐音鼻医）；大鼻子医生用金黄色的兽皮包裹着红旗。

5.（钩子）——硼（朋友）——B（boy 男孩），男孩送给朋友一个钩子。

6.（哨子）——碳（烤碳）——C（cat 猫），猫从哨子里吹出很多烤碳。

7.（锄头）——氮（蛋）——N（门），农民用锄头把鸡蛋砸碎在门上。

8.（葫芦）——氧（羊）——O（呼啦圈），喜羊羊把葫芦挂在呼啦圈上。

9.（猫）——氟（佛）——F（斧头），佛拿着斧头追赶猫。

10.（棒球）——氖（奶奶）——Ne（女儿），奶奶陪女儿打棒球。

11.（筷子）——钠（拿）——Na（娜）；娜娜拿着一双筷子，夹一块钠。

12.（婴儿）——镁（美丽）——Mg（拼音缩写：玫瑰），婴儿咬着美丽的玫瑰。

13.（医生）——铝（吕布）——Al（拼音缩写：暗恋），吕布暗恋帮他治病的医生。

14.（钥匙）——硅（龟）——Si（死）；龟误吃了钥匙，噎死了。

15.（鹦鹉）——磷（林）——P（pig 猪），猪在树林里抓了只鹦鹉。

16.（石榴）——硫（瘤）——S（蛇）；蛇吞了个石榴，肚子鼓鼓的，好像长瘤一样。

17.（仪器）——氯（驴）——Cl（拼音缩写：车轮），绿色毛发的驴拿着仪器检查车轮。

18.（腰包）——氩（鸦）——Ar（拼音缩写：矮人），乌鸦叼走了矮人的腰包。

19.（药酒）——钾（铠甲）——K（机枪）；涂了药酒的铠甲，可以抵挡机枪扫射。

20.（耳环）——钙（钙片）——Ca（擦）；用钙片擦耳环，特别干净。

[示例] 化学价记忆。

一价：氟 F −1、钠 Na +1、钾 K +1、银 Ag +1、氢 H +1

二价：氧 O −2、钙 Ca +2、镁 Mg +2、钡 Be +2、锌 Zn +2

三、四、五价：铝 Al +3、硅 Si +4、磷 P +5

多价：铜 Cu +1、+2，铁 Fe +2、+3，碳 C +2、+4

氯 Cl -1、+7，硫 S -2、+4、+6，氮 N -3、+5

硝酸根 -1、氢氧根 -1

碳酸根 -2、硫酸根 -2

铵根 +1、磷酸根 -3

记忆编程：

一价：氟 F -1、钠 Na +1、钾 K +1、银 Ag +1、氢 H +1

记忆口诀：一佛拿假银轻。

二价：氧 O -2、钙 Ca +2、锌 Zn +2、镁 Mg +2、钡 Be +2

记忆口诀：二羊盖新美被。

三、四、五价：铝 Al +3、硅 Si +4、磷 P +5

记忆口诀：僧侣四龟武林。

多价：铜 Cu +1、+2，铁 Fe +2、+3，碳 C +2、+4

记忆口诀：铜婴儿，铁和尚，躺饿死。

氮 N -3、+5，硫 S -2、+4、+6，氯 Cl -1、+7

记忆图像：富商五蛋（负三五氮）、富二四溜溜（负二四六硫）、服役骑驴（负一七氯）。

记忆口诀：富商拿五个蛋给儿子，这个富二代四处溜溜，被抓去服役，骑着驴走了。

　　酸根记忆——

负一价：硝酸根 -1、氢氧根 -1

记忆口诀：服役（负一）孝顺（硝酸）亲娘（氢氧）。

负二价：硫酸根 -2、碳酸根 -2

记忆口诀：硫酸烫伤（碳酸）肥鹅（负二）。

多价：铵根 +1、磷酸根 -3

记忆口诀：一个保安（一铵），救下富商领赏（负三磷酸）。

[示例] 化学金属的焰色反应。

锂Li：紫红色

钠Na：黄色

钾K：紫色

钙Ca：砖红色

锶Sr：洋红色

钡Ba：黄绿色

铜Cu：绿色

记忆编程：

锂——狐狸、梨；紫红色（联想到中毒）；狐狸吃了梨子（中毒），流出紫红色的血。

钠——娜，拿；黄色（联想到香蕉）；娜娜拿黄色的香蕉。

钾——铠甲；紫色（联想到葡萄）；铠甲勇士冲进葡萄园，被葡萄汁溅染了铠甲。

钙——锅盖；砖红色（砖头）；锅盖被砖头敲碎了。

锶——丝；洋红色（喜羊羊拿着红色）；喜羊羊拿着红色的丝巾，点燃了就是洋红色。

钡——贝壳；黄绿色（黄驴）；小黄驴驮着一袋黄绿色的贝壳。

铜——一块铜；绿色（小草的颜色，生锈的铜）；铜上长草了、生锈了，变成绿色。

第八节　医学知识记忆示例

医学专业的知识非常多，专业细分类也特别多，而且医学知识不是记住就会用的，尽管笔者这几年辅导的医学专业人士不少，也记了一些医学的知识，但依然是门外汉，所以笔者只能列举辅导过的三两个示例，在知识题型上给学医的读者一点示范。至于其他的案例，读者可到笔者的微课中自行学习。

[示例]

解表药的分类：

发散风热：薄荷、牛蒡子、蝉蜕、桑叶、菊花、蔓荆子、柴胡、升麻、葛根、淡豆豉、浮萍、木贼、谷精草。

发散风寒：麻黄、桂枝、紫苏叶、生姜、香薷、荆芥、防风、羌活、白芷、细辛、藁本、苍耳子、辛夷、葱白、胡荽、西河柳。

记忆处理：内容不少，但是没有超过30个，如果用地点记忆需要3个房间，而这组解表药不单要记住它们的名称，之后还要记忆每种药的功效用途等，所以便捷起见，我们用数字编码进行记忆。

图像转化及编码记忆：

发散风热

01—树—薄荷　图像：薄荷糖——大树上挂满薄荷糖。

02—鸭子—牛蒡子　图像：牛绑——一群鸭子把牛绑起来。

03—耳朵—蝉蜕　图像：蝉蜕皮——耳朵被蝉咬了一口，蜕皮了。

04—汽车—桑叶　图像：桑树叶子——汽车撞到桑树，掉下许多叶子。

05—灵狐—菊花　图像：菊花——钩子上吊着菊花茶。

06—灵鹿—蔓荆子　图像：馒头荆棘——灵鹿吃馒头吃出荆棘刺破嘴。

07—锄头—柴胡　图像：茶壶——锄头砍破茶壶。

08—泥巴—升麻　图像：神马——神马在吃泥巴。

09—菱角—葛根　图像：哥哥拿树根——哥哥用树根戳开菱角。

10—棒球—淡豆豉　图像：淡豆豉——用棒球棍把颜色淡的豆豉敲碎。

11—筷子—浮萍　图像：水浮苹果——用筷子夹水上浮着的苹果。

12—婴儿—木贼　图像：木头乌贼——婴儿拿着一只木头做的乌贼咬着玩。

13—医生—谷精草　图像：古井草——医生在古井里找到了药草。

发散风寒

14—钥匙—麻黄　图像：麻雀黄色——麻雀吞了一长黄金的钥匙。

15—鹦鹉—桂枝　图像：桂圆树枝——鹦鹉在桂圆的树枝上吃桂圆。

16—石榴—紫苏叶　图像：紫色梳子——用石榴汁把梳子染成紫色。

17—仪器—生姜　图像：生姜——用仪器（显微镜）研究生姜。

18—腰包—香薷　图像：香胡须——腰包里装着一捆染过香料的胡须。

19—药酒—荆芥　图像：警戒线——开车喝药酒也会被罚，因为药酒的酒精超过警戒线。

20—耳环—防风　图像：风帆（"防风"倒过来谐）——风帆上挂满耳环。

21—鳄鱼—羌活　图像：枪火——用枪火才能打鳄鱼。

22—鸳鸯—白芷　图像：白纸——白纸上画着鸳鸯。

23—和尚—细辛　图像：细心——一个很细心的和尚。

24—手表—藁本　图像：稿本——稿本里夹着手表。

25—二胡—苍耳子　图像：苍蝇耳朵——二胡上有一只苍蝇，耳朵被二胡声震痛了。

26—河流—辛夷　图像：新衣——河流里漂着新衣。

27—耳机—葱白　图像：葱头白色——耳机上沾着白色葱头。

28—恶霸—胡荽　图像：胡椒水——恶霸喜欢喝胡椒水。

29—饿囚—西河柳　图像：细河流的柳树——饿囚在细河流的柳树下饿晕了。

本书中已经列举几个用数字编码记忆知识的示例，相信读者对这类信息已经有了比较深刻的了解。当然也会伴随着一个疑问，就是如果同时用数字编码记忆两种不同的知识，会不会混淆呢？

答案是，会混淆的。

那怎么办呢？可以用房间记忆，或者是串联记忆。此处用数字编码进行记忆是有一定的用意的。如果我们要记忆这些中药的用途和功效，就可以用数字编码继续扩展来记忆了。具体请看一下举例——

1.薄荷：疏散风热，清利头目，利咽透疹，疏肝行气。

我们已经用01 的编码——树记忆了薄荷这个信息（大树上挂满薄荷糖），接下来，我们将把大树分割成4 部分，去记忆薄荷的4个功效。

大树我们可以拆分成树根、树干、树枝、叶子，然后用它们分别对应薄荷的功效：

根——利咽透疹——想象用薄荷的根熬汤可以利咽，根汁可以渗透疹疮。

干——疏肝行气——"树干"和"疏肝"谐音，想象吃了树干会行气（气会通行）。

枝——清利头目——想象用细小的枝编织成梳子，可以清理头发耳目。

叶——疏散风热——想象用一片大叶子扇动，可以疏散风热。

2.牛蒡子：疏散风热，宣肺祛痰，利咽透疹，解毒消肿，滑肠通便。

02 的编码"鸭子"我们用来记忆"一群鸭子把牛绑〔牛蒡〕起来",现在我们要用鸭子来记忆牛蒡子的功效。

通过对比薄荷的功效,我们了解到,薄荷与牛蒡子都有"利咽透疹、疏散风热"的功效,因此在牛蒡子中的这两个功效只要取"利、疏"谐音"梨树",鸭子把牛绑起来毒打一顿,牛被打得全身肿痛,吐痰,便秘,跑到梨树下吃了一口梨,肺很舒服,祛痰了,梨汁润滑了肠道,通便,全身渐渐消肿了。

以上通过两个例子,展示数字编码扩展成数字桩的方式,一种是数字编码拆分成桩子,一种是数字编码继续延伸串联。这种定位记忆方法解决了桩子不够用的难题,特别是医学专业知识的记忆,非常需要这样的方式。

[示例] 试述失神的特征及临床意义。

答:失神即无神,是精亏神衰或邪盛神乱的重病表现,临床见于久病虚证和邪实病人。久病虚证表现为两目光晦暗,目无光彩,面色无华,精神萎靡,意识模糊,反应迟钝,手撒尿遗,骨枯肉脱,形体羸瘦为精亏失神的特征。提示精气大伤,机能衰减,多见于慢性久病重病之人,预后不良。邪实病人表现为神昏谵语,循衣摸床,撮空理线,或卒倒神昏,两手握固,牙关紧急为邪盛失神的特征。提示邪气亢盛,热扰神明,邪陷心包,肝风挟痰蒙蔽清窍,阻闭经络,多见于急性病人,属病重。

句式解构:

1.失神是……的重病表现,临床见于……

2.久病虚证表现为……提示……多见慢性病。

3.邪实病人表现为……提示……多见急性病。

整体句式就是"失神是什么,临床是什么样,分别详细说明"。句式在答题的时候,最大的帮助就是让考生脑中清楚答题的逻辑是什么。因为很多考生答不出来，并不是因为完全没有记忆，而是不知道如何下笔，如何组织文字。一旦有了行文逻辑，自然就能通过逻辑带出一些基本的表达思维，慢慢地就会把记忆过的内容点滴回忆起来，即使不能全部记住，但能够答出一部分，也是好事。

通过句式的解构，我们大致明白了这段知识的意思：失神是一种精神亏损衰弱，邪气旺盛的表现；精神亏衰表现在久病虚证，是慢性病；而邪盛神乱表现为邪实病人，是急性病。

这个整体意思掌握之后，再进行下面的细节处理和记忆，就容易多了。如果不能理解整体意思，那么看下面的分解记忆会觉得更复杂，还不如死记硬背。

关键词处理：

1. "失神即无神"这个内容不用记忆，忘记了也无妨。重点是失神是什么——失神是一种重病——表现为精亏神衰、邪盛神乱。

一般我们会进行关键字提炼——精（亏）神（衰），是正对偶的表达，可以理解为"精神亏衰"，"精神"二字是很容易理解的，因为"失神"中的"神"就是"精神"的意思，主要看"亏衰"二字能不能记住了。同理，邪盛神乱——邪（盛）神（乱），是反对偶的表达，"邪"与"神"的比较，因为失神所以神乱，神乱的对立就是邪盛，因此这组主要记住"邪神"。

综上，第一句"失神是精亏神衰或邪盛神乱的重病表现"，重点记忆"亏衰""邪神"，其他依靠句式"失神是……的重病表现"来补充即可。"亏衰、邪神"可以谐音联想到"溃衰的邪神"，于是整句的记忆就编成：失去神位（失神）之后，溃衰的邪神得了一场重病。在脑海里建立这个画面以后，就能够牢记这句话了。

当然，也有读者会觉得这个接受不了，因为记忆术没练好，左右脑的平衡训练不够，对于"左脑负责正确理解，右脑负责自由联想"的左右互补还做得不好，加上内容抽象，逻辑又理不顺，整个人就崩溃了。

这时，我们可以考虑用另外一种方案，我们回到"失神是……重病"的句式结构来。读者可以采用逻辑关联的方式，来得到"失神是什么的重病"的内容。

逻辑关联：失神，就是失去精神。失去精神就意味着亏损、衰败，所以想起精亏神衰。精亏神衰会导致无神、神乱，而神乱则邪气会入侵，导致邪盛。于是就能联想到"邪盛乱神"。这样就把第一句话的"精亏神衰、邪盛乱神"通过与"失神"这个标题进行逻辑等式对应，轻松完成记忆。

哪种方式好，见仁见智，读者选择适合自己的方式去操作即可，因为方法，对不同的人就有不同的结果，不要轻易去评判哪种好哪种不好，只考虑哪种适合自己即可。

记完失神的意义，还要记失神的两个临床症状——久病虚证、邪实病人。这两个也很好联想，久病虚证的人，邪气就很充实。所以关键词就是"久病虚证、邪实"。

如果记不住这两个词语，可以谐音一下"救病需针、斜视病人"，联想到"救病需要用针，医治斜视的病人"，我会联想到斜视所以眼睛就无神，即失神，时刻和中心词保持关联。

好了，记住词语之后，就要逐个记忆它们的特征和临床提示的意义了。

2.久病虚证表现为两目光晦暗，目无光彩，面色无华，精神萎靡，意识模糊，反应迟钝，手撒尿遗，骨枯肉脱，形体羸瘦为精亏失神的特征。提示精气大伤，机能衰减，多见于慢性久病重病之人，预后不良。

　　这一段文字中，先看前面一句，我们要记忆的关键词是"目光晦暗，目无光彩，面色无华，精神萎靡，意识模糊，反应迟钝，手撒尿遗，骨枯肉脱，形体羸瘦"，一下子这么多词语，串联出图又麻烦，定桩又感觉是大材小用。通常笔者会使用建构逻辑的方式，为这些信息找一个共同的逻辑，组合起来。这些词语都是描述人的身体状况和精神状况的，所以我们可以借用人体的器官来搭建逻辑。

　　目光晦暗，目无光彩：关键字"目"，晦暗、无光，压缩词语连成"晦光"，谐音"灰光"。目发灰光。

　　面色无华：关键字"面"，无华，谐音五花（肉），脸上粘着五花肉（或脸笑起来像五花肉）。

　　反应迟钝，手撒尿遗：关键字"手"，想象一个病人，手脚不灵活，反应迟钝，端着去化验的尿，不小心手撒尿遗。

　　骨枯肉脱，形体羸瘦：关键词"骨（肋骨）"，想象病人很瘦，肋骨一条条都看得很清楚，皮包着骨，肉很松脱。

　　精神萎靡，意识模糊：关键词"头"，想象一个病人头昏脑涨，脑袋萎缩（联想到精神萎靡），不会思考事情（联想到意识模糊）。

　　通过以上的人体部位关联，我们可以通过"头、目、面、手、肋骨"进行回忆，联想起内容——一个头脑萎缩的病人，目发灰光，面粘五花肉，手拿着尿，肋骨瘦得清晰可见。

　　后一句是"提示精气大伤，机能衰减，多见于慢性久病重病之人，预后不良"。这句中，"慢性久病重病之人"可以想象"一个走路很慢，拄着拐杖，病恹恹的人"，这个病人的头在冒烟漏气（联想精气大伤），身上绑着一只无毛鸡（机能衰减，"机"谐音成"鸡"），他走进浴室去洗浴，浴后不凉（预后不良）。

将前后两句的图像进行组合联想，就可以记忆这两句话了。这个过程比起整个记忆的联想过程简单多了，笔者在此不做举例，读者若想体验一下这个知识点的记忆，可自行组合联想。

3.邪实病人表现为神昏谵语，循衣摸床，撮空理线，或卒倒神昏，两手握固，牙关紧急为邪盛失神的特征。提示邪气亢盛，热扰神明，邪陷心包，肝风挟痰蒙蔽清窍，阻闭经络，多见于急性病人，属病重。

前面一句的记忆关键词：神昏谵语，循衣摸床，撮空理线，或卒倒神昏，两手握固，牙关紧急。

"循衣摸床，撮空理线"在医学中指一种奇怪的现象，重病之人神志不清时，会到处摸索衣服和床，或者手在空中做撮东西捻线等动作，往往是病危意识昏乱的表现。所以，这两个词我们只要想象一个神志不清的病人，到处摸东西，在空中捻线的样子即可。

建构逻辑：神志不清的重病者，坐在床上摸自己衣服上的线，扯出来东撮西捻，突然神昏而扑倒，开始胡乱说话（卒倒神昏、神昏谵语），两手固握，牙关紧咬，好像中邪了一样。

后面一句中的"急性病人"，可以联想一个很急躁的病人。想象一个人，中了一大波邪气（邪气亢盛），邪气热蒸他的头（热扰神明），入侵他的心脏（邪陷心包），全身经络被邪气阻闭（阻闭经络），到处吐痰（挟痰），说话不清（蒙蔽清窍）。

通过以上的知识示例，相信读者对内容复杂的知识点处理，会有一个新的概念，毕竟思维过程是一个复杂的过程，需要我们掌握一套能够解构复杂内容的逻辑方法，否则看到这些知识，只有干着急的份儿。

第九节　建造师知识记忆示例

笔者在应用记忆术解决建造师专业知识内容时，得到兰善全老师的大力支持。兰老师多年来致力于教研建造师考试记忆课程，他提出10 种建造师知识的有效记忆技巧：

1.理解记忆法。

2.逻辑记忆法。

3.场景记忆法（定位记忆和图像记忆）。

4.串联记忆法。

5.对比记忆法。

6.区别记忆法。

7.总结、归纳记忆法。

8.数轴记忆法。

9.口诀法（谐音法）。

10.综合运用。

兰老师综合运用快速记忆与逻辑记忆等方法，将建造师各种科目的知识进行灵活处理，从而让原本复杂的专业知识，被考生轻松简单地牢记在心中。

本节中，笔者将列举个别典型的示例，让读者体验到这些记忆技巧。

[示例] 安全事故等级划分。

根据生产安全事故（以下简称"事故"）造成的人员伤亡或者直接经济损失，事故一般分为以下等级：

（1）特别重大事故，是指造成30 人以上死亡，或者100 人以上重伤（包括急性工业中毒，下同），或者1 亿元以上直接经济损失的事故；

（2）重大事故，是指造成10 人以上30 人以下死亡，或者50 人以上100 人以下重伤，或者5000万元以上1 亿元以下直接经济损失的事故；

（3）较大事故，是指造成3 人以上10 人以下死亡，或者10 人以上50 人以下重伤，或者1000万元以上5000万元以下直接经济损失的事故；

（4）一般事故，是指造成3 人以下死亡，或者10 人以下重伤，或者1000万元以下直接经济损失的事故。

国务院安全生产监督管理部门可以会同国务院有关部门，制定事故等级划分的补充性规定。

本条第一款所称的"以上"包括本数，所称的"以下"不包括本数。

记忆方法：图表法，如下图。

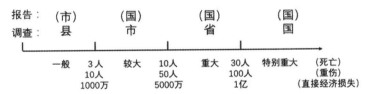

上图将一大堆文字简化成一张表格，简单明了，记忆起来就非常轻松了。这种图表简化的处理方式，与笔者所讲的庖丁解构有异曲同工之妙，同样是逻辑的梳理和清晰化。

最后，我们再简化一次，如下图——

一般　1　较大　5　重大　1　特大
（上行：3　1　3；下行：1　5　1）

3 1 3 表示死亡数量3 人、10 人、30 人。

1 5 1 表示重伤数量10 人、50 人、100 人。

1 5 1 表示经济损失数量1000万、5000万、1亿。

谐音记忆：发生安全事故，伤一伤（3 1 3），要捂药（1 5 1），捂两次，不然要死伤损失更多钱。

[示例] 塔式起重机吊装：起重吊装能力为3～100 吨，臂长在40～80 米。

虽然这个信息不难记，但是带有数据，而且不是固定值，是一个范围。这令很多人烦恼。我们一起来试试看：

关键词：塔式起重机、吊装能力、3、100、臂长、40、80

记忆编程：一个塔形的起重机，吊着3 张100 元，一个手臂很长的司令（40），抢了钱跑到巴黎（80）去度假。

[示例]某施工单位编制的专项施工方案包括：

1.起重吊装作业安全专项施工方案。

2.起重机械安装拆卸安全专项施工方案。

3.脚手架工程安全专项施工方案。

4.地下暗挖工程安全专项施工方案。

5.带电作业安全专项施工方案。

6.基坑支护与降水工程安全专项施工方案。

7.模板工程安全专项施工方案。

关键词：

1.起重吊装。

2.起重机械安装拆卸。

3.脚手架。

4.地下暗挖。

5.带电作业。

6.基坑支护与降水工程。

7.模板工程。

记忆逻辑顺序：4-6-3-2-5-1-7

记忆编程：某施工单位，在地下暗挖地道，遇到百年来特大降水，领导命令做好基坑支护，以防塌陷。工人赶紧搭脚手架，安装起重机械，通上电源，启动起重吊装机器，吊起模板盖住基坑。

[示例] 危险源识别：物体打击、高处坠落、触电、火灾、有毒有害气体、机械伤害、坍塌、交通事故、洪水淹没、爆炸、中暑、寒冰等。

记忆编程：有个工人在高空作业，热得中暑了，不小心把机器弄爆炸，受到了机械伤害，从高处坠落，掉到电线上触电了，发生火灾，烧到工人的衣服，发出有毒有害气体，又从电线上掉到地上，砸到路上的车，车遭到掉下来的物体打击，压到路面坍塌，发生交通事故，从高空掉下来的工人没死，为了逃避责任，他使出寒冰掌，引来洪水淹没现场。

[示例] 应急培训计划的内容：

1.应急预案的实际内容和应急方式。

2.明确各自的任务和措施。

3.了解实施时的变动修改情况。

4.熟悉防护用品的正确使用和维护。

5.熟悉报警方法、程序。

6.懂得有效逃生的方法。

记忆思路：只要模拟一个应急逃生的场景，把所有程序都联想上去，自然就记住了。

记忆逻辑顺序：1-2-4-5-3-6

记忆编程：发生了事情（假设是火灾），赶紧看应急预案的内容，了解应急方式，搞清楚各自的任务和措施，戴上防护用品，出去报警，警察教你紧急灭火，结果实施时发生变动，赶紧修改计划，马上逃生。

后记　继续走在脑力教育探索之路上

我从小就有一个目标，那就是成为一名讲师。小时候没有培训师的概念，脑中对于讲师的印象就是在学校的讲台上教书的老师。我总觉得把自己知道的知识分享给别人，帮助别人获得智慧，是一件很酷的事情。长大之后，由于种种原因没有走上教师之路，却意外当上了培训师。不管怎样，我做了自己向往的职业。一开始是在课堂上讲，后来是在网络上直播，再后来是微课。不管什么形式，每次课程结束，看到学员的收获和成长，看到学员从没有方法甚至害怕背书，到掌握记忆法做到能够顺背倒背抽背，而且沉浸在记忆的乐趣中，我就非常有成就感。

记忆力的锻炼，对于每个学习者来说都是非常重要的技能，它可以帮助我们解决所有背诵的问题。从小学的识字开始，到中学各个学科知识的记忆，到大学的专业知识的记忆，再到社会职业考试的知识记忆，这项技能几乎贯穿我们一生。从这个角度看，提升记忆力是非常非常重要的，因为掌握了快速记忆的技巧，也许别人需要几个月的时间背诵的内容，你只需几周甚至几天就能记完。你获得比别人更多的时间去放松或者补充自己薄弱的环节，优秀的记忆力可以给你更多的机会去跑赢自己的人生。

写作之前，我以为写完这本书会有被掏空的感觉。当我完成之后重读一遍，不仅没有被掏空的感觉，反而觉得更清晰了，相当于给自己梳理了一遍知识系统。当然，本书能够得以完成，要感谢的人实在太多了。首先要感谢我的兄长林约韩，他在我眼中是一位技术型的人物，任何事情到他手里必须探索到底，研究到最深入的层次。他对记忆术的研究特别深入，尤其是他自己整理的《记忆宫殿学习法》对我的帮助非常大，本书所讲的记忆术中主要的方法和核心思维，都受到了他的教研心得的启发。我还要特别感谢张海洋老师，他是我兄长的恩师。尽管没有直接师从张老师门下，但他对兄长的影响延续到我身上，他的书籍和课程也给我带来不少成长。

感谢中国大脑联盟发起人郭玉峰老师，他是中国最早从事脑力教育的极少数人之一，在工作上给予了我极大的帮助和支持，在本书写作过程中，几次与郭老师深入交流，碰撞出许多新的思维灵感。

感谢亦师亦友的石伟华老师，从他写第一本书《超级记忆：破解记忆宫殿的秘密》时，就一直鼓励我创作，让我把知识和经验分享给读者。今天，我的书稿终于完成了，石老师全程给了许多细致的指导和支持，及时纠正了一些错误和纰漏。

感谢一路陪伴我的妻子苏丽珊，她是我最大的精神支柱。在创作过程中不仅给予我精神上的鼓励让我得以坚持，还为我提供创作的思路和灵感，也让我下定决心继续学习和写作，不仅要把更多的记忆应用方法和案例分享给读者，更要在思维提升训练方面帮助更多学习者。

感谢本书的编辑郝珊珊老师，在她的信任、支持和帮助下，本书才得以和读者见面！

……

要感谢的人无法一一列举，感谢每一位支持和帮助过我的人！

写到这里，书稿算是匆匆完成了，我不知道有没有真的把记忆法的原理和训练方法讲解清楚，在写的过程中我自己也产生了很多疑问。身为记忆术的使用者和教学推广者，我深深地感受到，自己依然处在探索快速记忆的本质和发掘快速记忆更深入的应用的路上，我相信，未来它会不断地给我带来新的领悟，也希望我能更快地把新的收获与读者分享。这是我独立完成的第一本书稿，由于水平有限，经验不足，书中难免存在一些遗漏甚至错误之处，还望广大读者不吝赐教。